(美) 克里斯 · 黄 / 编
潘潇潇 / 译

Fashion Packaging Now

服饰包装设计

广西师范大学出版社
· 桂林 ·
images Publishing

Contents

目 录

Fashion Packaging Now

服饰包装设计的必要性

在当今这个用纳秒度量时间的时代，消费者会发现自己难以跟上时代的潮流，这在追求时尚的服饰行业尤为明显。为了维护和巩固他们在变化莫测的时尚市场中的地位，服饰生产商和销售商必须借助完美的包装体验——从利用店面设计和广告吸引消费者，让消费者喜欢上某件商品，完成试穿、寻价、付款的购买流程，直至消费者拎着别致的购物袋，面带微笑走出商店。

很多服饰商店可能会认为销售流程就此结束了，但是那些精明的市场营销人员却仍在为提升服饰品牌的知名度而努力着。他们不仅会让购物者爱上商品本身，还会让他们喜欢上商品的装饰性包装，诸如瓶子、纸筒、纸盒、购物袋和其他富有想象力的容器。这样一来，消费者仍然会在取出商品后，将剩下的包装材料转作他用。空鞋盒可以用来装饰家居环境或是存放物品；设计巧妙的购物袋可以改造成时尚拎包。商品包装的衍生用途增加了商品的附加值。研究表明，如果生产商和销售商可以让顾客感受到他们的良苦用心，那么超过半数的顾客会为服饰商品支付更多的费用。而包装设计将会在此发挥积极的作用。

包装设计师在理想的销售体验中扮演着重要的角色，他们不仅要保持服饰包装与服饰品牌形象的一致性，还需设计出可以影响消费者最终购买决定的包装。因此，为了确保服饰包装的设计符合时尚潮流，包装设计师需要以服饰设计师的思维模式进行包装设计。

服饰包装设计产品

如今的服饰市场都有哪些包装产品呢？从严格意义上讲，任何能够起到保护、展示以及促销作用的包装产品都是必不可少的。在此向大家介绍几种适用于服饰产业的包装设计产品：

产品 & 开发

1. 商标： 商标是最为重要的营销工具之一，其呈现方式多种多样。服饰商标通常缝制在后背、后领或末端区域。近些年来，为了解决敏感肌肤问题，一些服饰生产商选择直接将商标印制在布料上。

2. 包装纸： 为了方便装运，可将袜子、内衣等免烫抗皱商品折叠成最小体积。这些商品的包装材料可以是贴纸、纸、丝带，甚至是简易塑料袋或压缩袋。

3. 包装盒：器皿、易碎商品、或特殊形状商品需要更为简易的耐磨防碎包装。这种类型的包装不仅可以起到保护商品的作用，还可以向消费者展示里面的商品。为了吸引消费者的注意，商品包装盒通常会被精心设计成彩色。

4. 运输箱：运输箱通常不会出现在消费者面前，只有仓库工人有机会见到它们。这些运输箱被直接从工厂运抵商店，拆开箱子取出商品后便被丢弃。由于消费者没有机会看到这些箱子，因此，生产商通常不会将注意力放在箱子的设计上，通常会使用单色印刷或是没有任何设计元素的箱子。虽然运输过程没有对运输箱提出视觉上的要求，但是为了防止商品在运输途中受损，还是需要保证其耐用性和安全性。一个运输箱可以装下多件商品，设计师需要根据商品数量和尺寸估算出可容纳商品的数量。为了避免商品在运输途中受损，运输箱还需通过国际安全运输协会[1]（ISTA）的跌落测试。

销售 & 营销

1. 小商品陈列：小商品应如何展示呢？零售商店需要借助陈列板对小商品进行展示。将它们摆放在大的陈列板上是一种十分常见的方式，这样做不仅可以方便消费者比较商品，还可以防范店内伺机而动的小偷。

2. 吊牌：服饰标价如何呈现呢？生产商不能将价签直接贴在布料上，所以就需要为商品挂上带有条形码和标价的吊牌，这种类型的吊牌可以方便收银台收款。尽管商品自己不会说话，但是那些设计巧妙的吊牌会吸引消费者将服饰带进试衣间。不仅如此，那些市场营销人员考虑得更为长远，他们将小小的吊牌视为一则微缩的广告，力求借助吊牌说明产品的特点和优势。这些吊牌既能提高品牌的知名度，又可为消费者提供详细的产品信息。

3. 购物袋：购物袋已被广泛应用于零售行业。购物袋的材料可以是薄塑料、薄纸张等一次性材料，又或是厚塑料、帆布、人造纤维、编织材料等可再用材料。除了购物袋是由零售商负责提供以外，上文提到的所有设计产品（商标、包装袋、包装盒、运输箱、陈列板和吊牌）均由生产商提供。

服饰包装设计流程

服饰包装的设计流程如图 01 所示。

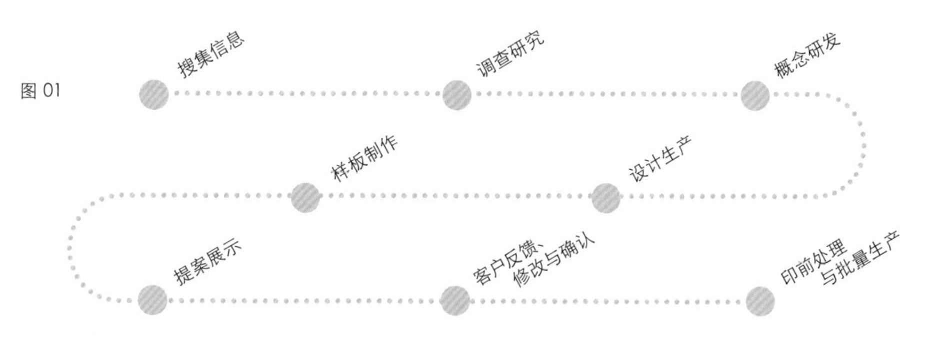

图 01

服饰零售业细分市场[2]

- 性别细分
- 年龄细分
- 地理细分
- 行为细分
- 生活方式细分

1. 搜集信息

在包装设计开始之前，设计师需要了解设计工作的范围，明确客户的需求和偏好，然后搜集如下信息。

✓ 目标客户群体是哪些人？有哪些竞争对手？
✓ 设计目标是什么？
✓ 设计的截止日期是何时？
✓ 有哪些具体要求？
✓ 预算是多少？
✓ 如何呈现设计？
- 是否与企业的品牌价值相吻合？是否符合企业的品牌战略方针？
- 能否体现所需信息？
- 现有包装具备哪些特征？
- 能否体现客户心中所想？

没有人可以真正读懂客户心中所想。项目客户通常是销售部或市场部的主管，他们比任何人都要了解本公司的业务，了解公司在服饰行业所处的位置、公司的细分市场以及公司的竞争对手。搜集项目信息最快的方法便是直接从客户那里获取行业经验和专业知识。有些客户可能会为设计师提供特定的方向或是干脆告诉设计师他们喜欢什么。学会正确的提问可以帮助设计师拿下项目，并找到设计的出发点。

2. 调查研究

如何展开调研呢？设计师通常会在谷歌和 Pinterest 网站上搜索合适的关键词。一切信息都唾手可得。网上调研不仅可以为设计师提供关于客户和项目的所需信息，还可以激发设计师的创意灵感。以下内容将从设计项目的五个常见的调研方向进行阐述：

2.1 品牌调研

首先要对企业的品牌现状进行充分了解，包括该品牌在服饰行业中处于何种地位，研究该品牌原有包装的设计。通过这些方式，设计师可以快速了解客户的预期，明确接下来的设计方向。经过品牌调研后，设计师便可赋予该品牌恰当的视觉特性。另外，需要研究一下品牌的历史、宗旨、理念和需要遵循的品牌识别标准。除非市场营销人员已经对品牌进行了慎重评估并确定了新的品牌创新方向，否则，包装设计还是应当与当前的品牌个性保持一致。改进包装设计并不意味着完全脱离品牌所代表的意义。

2.2 竞争对手调研

市场大都存在竞争，设计师也需像市场营销人员一样进行竞争力调研。他们首先需要对产品及产品的价值定位有一定的了解，进而制定出可以从竞争对手中脱颖而出的设计策略。

2.3 媒介调研

在进行品牌和竞争对手调研时，还需对客户及其竞争对手的项目媒介进行核实。在进行媒介调研时，调研范围只需在同类项目中展开。如果客户需要设计师设计一款购物袋，那么设计师需要对所有购物袋的设计进行调研。需要注意的是，调研范围不要只停留在服饰行业的购物袋设计，而是应当扩展至其他行业的购物袋设计。

2.4 集思广益

从客户那里寻找一些不一样的想法，最好利用设有关键词的思维图进行通配符搜索，然后进行创意合并。聪明的设计师会将其他设计方案的成功理念或主题应用到包装设计上。集思广益有时会给人们带来意想不到的惊喜，让设计师的作品从其他日常的包装设计中脱颖而出。

2.5 实地调研

到客户及其竞争对手的店铺实地考察，看看他们的商品展示位置和展示方式也是必不可少的环节。比如，商品是摆放在架子上还是悬挂在墙上？顾客怎样才能看到商品？

人们经常会说“跳出固有的思维模式”。因此，最好不要立即开始设计工作，而应当从基本要素入手。什么是固有的思维模式？经过上述调查研究之后，大家定会对此有所了解。如果对此知之甚少，我们又该如何判断自己的创意是否跳出了固有的思维模式呢？因此，调查研究是包装设计取得成功的关键。

遗憾的是，一些没有经验的设计师直接跳过了这一环节或是没有进行充分的调查研究。深入的调研可以在设计展示环节给设计师增添信心。他们的眼界更为开阔，对同类设计的了解也更为深入；他们知道什么样的设计效果更好，又有哪些设计效果过为夸张等等。向客户解释清楚自己设计了什么、为什么要这样设计，可以为设计方案的采纳增加胜算。

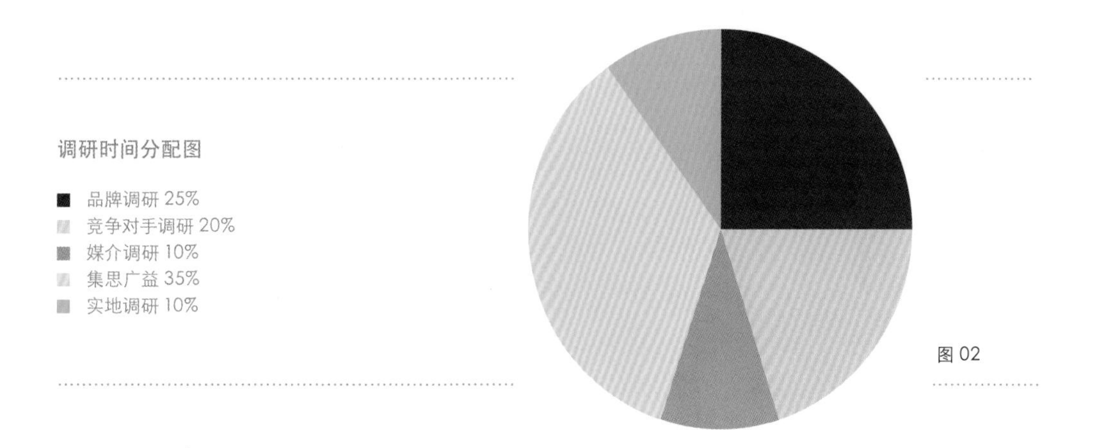

图 02

3. 概念研发

在制定出简单切实的方案之前，不要用平面设计软件进行设计。可以用铅笔在纸上画出概念草图，然后集思广益、建立思维图、进行团队沟通。除此之外，还需要一名文案协助制定出致胜的设计提案。有些特别的提案在策划阶段便可获得客户的认可。但即便是这样，设计师也需向客户提交像样的草图，以彰显专业水准。

4. 设计生产

包装设计等单页项目的设计要求设计师熟练掌握 Adobe Illustrator 软件。设计师可以借助电脑制图软件呈现设计理念和主题，并在添加图形前先确定项目结构和模板（比如模切版、尺寸和外形）。

5. 模型制作

包装设计属于立体设计项目，永远不要让客户想象你的设计会是什么样子。设计师必须将自己的作品展示给客户，客户大多更愿意看到包装产品的实际尺寸和实体材料。有些生产商可以进行模型制作。对于那些预算不多或体量过大的项目，则可为客户展示数字模型。数字模型可以在 Photoshop 上修改现有图片或是通过 3D 建模软件完成。如果这一阶段向客户展示的是数字模型，那么设计师应当在得到客户认可后，批量生产前交付产品模型进行确认。

6. 提案展示

模型可以帮助设计师更好地向客户展示和说明设计提案的优势，说服客户采用自己的提案。尤其是在对包装的某些特殊功能进行讲解或是展示包装多么符合店面风格时，设计师还是应当结合模型进行直观展示，将整个设计过程简明扼要地呈现出来。

7. 客户的反馈、修改与确认

如果客户没有任何修改意见，便可直接进入下一环节。但是，在大多数情况下，客户会提出修改意见，并在批量生产前进行多次审核。

8. 印前处理与批量生产

通常情况下，设计师需要与印刷品供应商就印前处理进行沟通协调，以保证印刷效果。首先，要向供应商发送数码文件，然后接收供应商发来的 PDF 文件数码样。设计师最好向供应商索要彩色样张，进行印前最后一次的修改。为了避免今后出现一些不必要的纷争，供应商大多会要求设计师签署制版印刷合同。因此，设计师有必要在此阶段认真地进行色彩校正和调整，毕竟设计师是无法通过电脑屏幕或是低分辨率打印机打出的样本判断色彩的。彩色样张与实体产品最为接近。对于那些立体设计项目，还是应当对产品模型进行印前检验的。

生产时间分配图

- 调查研究与概念研发 40%
- 设计生产 40%
- 模板制作 10%
- 提案展示 5%
- 印前处理与批量生产 5%

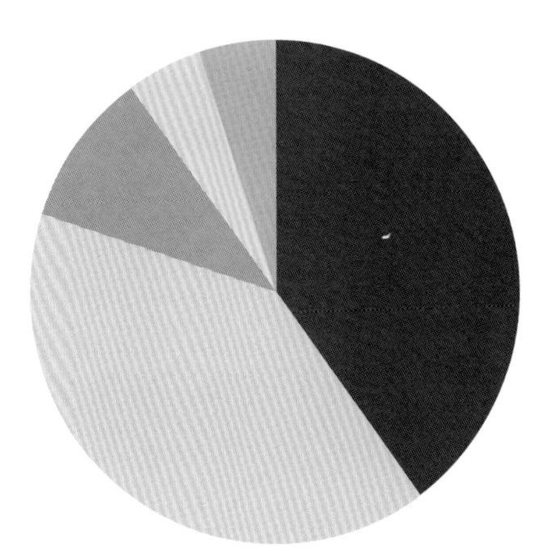

图 03

有些包装设计师会将大量的时间和精力放在设计生产和模型制作上，而未对预设计环节予以同样或更多的重视。没有正确的设计理念和策略，包装设计很可能无法达到理想的效果。

有些包装设计师会将大量的时间和精力放在设计生产和模型制作上，而未对预设计环节予以同样或更多的重视。没有正确的设计理念和策略，包装设计很可能无法达到理想的效果。

服饰包装设计元素

调查研究和概念开发阶段结束后，随即进入概念落实阶段。平面设计师的职责是将一个琐碎、看不见的抽象概念变成一个出色的实施方案。与其他商品包装的设计一样，设计师还需要加入一些服饰包装特有的视觉设计元素和设计理念。

1. 实体结构与外形

如何包装商品呢？是将商品隐藏在箱子或盒子中，还是使其在包装后依然看得见呢？如果将商品隐藏在箱子内，那么箱子的尺寸和外形应是什么样的？是常见的还是特殊的？设计师是否应该在视觉设计开始之前先画模切线呢？在设计立体的折叠包装的平面图时，需要用到模切线。这种包装包括文件袋、信封袋、常见的包装箱等。模切线可以帮助设计师确定待印刷区域、切割线和折痕的位置。

模切线虽不是一种具体的设计元素，但却是确定包装外形的结构需要。其设计过程与画家选择画面尺寸、绘画形式和材料的过程极为相似。设计师永远要将项目目标放在首位。虽然有些情况下，独特的外形结构会发挥重要的作用，但是出色的包装设计通常不会选用过分花哨或是怪异的外形结构。花哨的折叠方式或是浪费材料的设计必然会增加项目成本。设计师可以设计一些简单独立的包装或是组装式包装，这些包装组合在一起可以变成多种不同的有趣的形状，如图 04 所示。

图 04

图 05

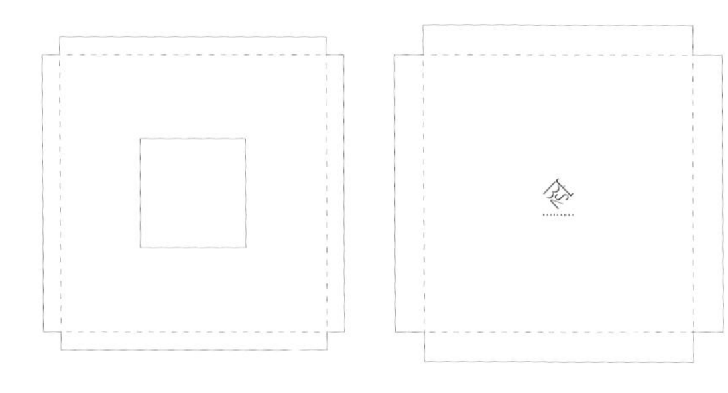

虚线通常为折线，不同颜色的实线为模切线。模切版由生产商的包装工程师或包装设计师负责提供。在设计立体项目时，设计师应当对每个展开面进行单独处理。为了达到更好的设计效果，还需做留白处理。

模切文件通常被放置在 Adobe Illustrator 等平面设计软件的图层内。设计师无需费力便可打开模切图层看到里面的标线，印厂也可以在最后印刷时打开或是关闭模切图层。

2. 品牌标识

品牌标识必须给人留下深刻的印象，奢侈品标识则更是如此。事实上，一些奢侈品品牌引以为傲的品牌标识对于其公司而言就是一切。有些大品牌拥有多条生产线，每条生产线都有自己的标识和市场定位，包装设计师应当明确其中的品牌等级。一些公司也已经成功地把自己的子品牌打入市场。

产品定位和品牌个性应当与品牌标识和整体视觉呈现同步。服饰零售企业的细分市场大致可以按照性别、年龄和风格进行划分。产品的目标客户群体是哪些人？男性还是女性？儿童、青少年、年轻人还是老年人？男士正装、女士内衣还是休闲服饰？产品的市场定位也应直接体现在品牌标识和整个包装的外观上。例如，Mini 2 Mini 的黄色可爱标识（图 06）显然是一个婴儿服饰系列的品牌标识。包装设计师需要将服饰品牌的整体个性和色彩设计沿用到服饰包装上。

服饰包装上的品牌标识

大多数顶级奢侈品牌（如路易威登、古琦、普拉达、劳力士、香奈儿、卡地亚、巴宝莉、芬迪和蔻驰）的购物袋上只会印有品牌标识这一种元素。品牌标识就是一切。

图 06

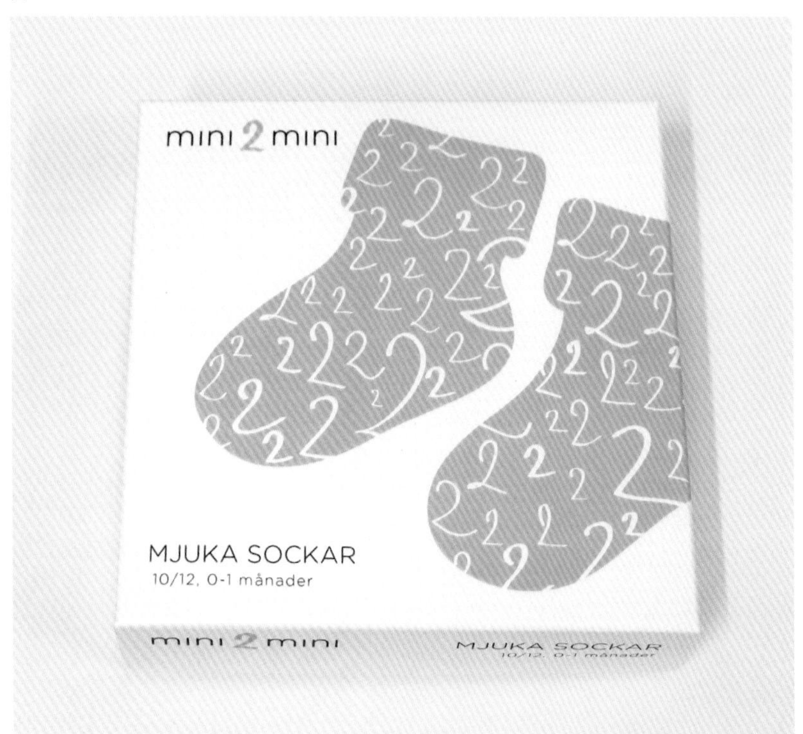

图 07

3. 色彩

色彩可以起到吸引消费者注意力的作用，也是品牌标识设计中最为重要的一部分。举例来说，早在 1845 年，“蒂芙尼蓝”便已被蒂芙尼公司作为品牌专属色彩使用。“蒂芙尼蓝”已然成为公司形象的一部分，这一点已得到消费者的广泛认可。

美国连锁女性成衣零售店——维多利亚的秘密，拥有一款颇具特色的粉色条纹购物袋。2002 年，为了迎合年轻女性的消费需求，公司启动了一条新的生产线。PINK 生产线的购物袋保留了特有的粉色，而母品牌标识上的条纹则被圆点取代。这款购物袋的设计不仅保留了子品牌与母品牌之间的联系，还预示着 PINK 生产线也可以为消费者提供一些不同类型的产品。Arrels 品牌包装（图 07）的设计灵感来源于地中海的文化、韵律和色彩，包装设计师将这些基础色运用到鞋类产品及其包装的设计上。

4. 文字

文字设计是服饰包装设计视觉传达的基石。联邦贸易委员会规定，纺织制品和羊毛制品的标签上必须标注出面料类型、面料密度、生产商及原产地的信息。设计师通常会为此选用简单、易读的字体，字体大小通常为 4 磅或 5 磅。

5. 图片

大脑处理视觉内容的速度比文字内容快 6 万倍。[3] 我们生活在一个视觉化世界里，俗话说，“千言未如一图，百闻不如一见”。购物者可以很容易地通过图 08 所示的手套图片判断出包装内装有何种商品；图 09 则展示的是一款知名球星代言的运动衫。

将何种图片或是插图用在服饰包装上并不存在特定要求，即便如此，设计师还是应当选择符合品牌个性的图片和插图。有些图片甚至可以成为品牌主题。Altar' d State 是一个波西米亚风格的女装品牌，其品牌商店内展示了各式品牌特色女装（从柔软薄纱、古风蕾丝到钩针编织）。该品牌购物袋的拎手由棉布制成，标签上印有印度散沫花的图案，并采用了弯曲弓形轮廓，透露出一种与品牌个性相符的异国情调。

6. 空间

空间又被称为“负空间”或“背景”，如能恰当利用，便可带来更强的视觉冲击力。这种设计手法常见于奢侈品牌包装的设计中。过多的负空间可能会让某些设计师感到不舒服，因为这样的设计看起来太过简单、毫无难度。如何用设计师的眼光将单一对象或标识放置在空背景之上呢？将标识放在中央过于简单。聪明的设计师会利用“黄金分割比例”和其他不均衡的定位结构，从而实现标识与大量负空间共同作用的效果。从上文奢侈品牌购物袋

图 08

图 09

图 10

的案例中，大家可以看到这些品牌标识被放置在空白背景中央或近于底部的位置。这是一种极为常见的版式设计手法：静态图形上轻下重，这样看起来更为平衡。

在设计出版物时，设计师可能不会留出过多的负空间，以便让向读者展示更多的细节。而在对那些需要印刷的服饰零售包装进行设计时，设计师应当坚持简化原则，以便与其他种类繁多的商品进行区分。在一个拥挤的环境里，简洁的包装设计格外引人注目。Hikeshi是一个高品质的日本服饰品牌，设计师将设计简洁的品牌标识放置在负空间的中央（图 10），设计出与该品牌精致、简约的形象相符的服饰包装。

7. 材质

在对服饰包装进行设计时，设计师可以任意选择材质。设计师不仅可以选择薄纸和纸板，还可以选择带有纹理和图案的面料、木材、玻璃、金属和塑料，设计出新颖的服饰包装。材质选择与图片选择大同小异。合适的材质可以为设计加分，反之则可能会毁掉整个设计。女装服饰店常常会选用丝带和蕾丝来做购物袋拎手和蝴蝶结，而那些户外服饰店则会使用天然有机棉。也就是说，合适的材质可以增添包装的趣味性，进而吸引更多人的注意。如图 11 所示，这款产品包装的拎手是用鞋带制成的。

图 11

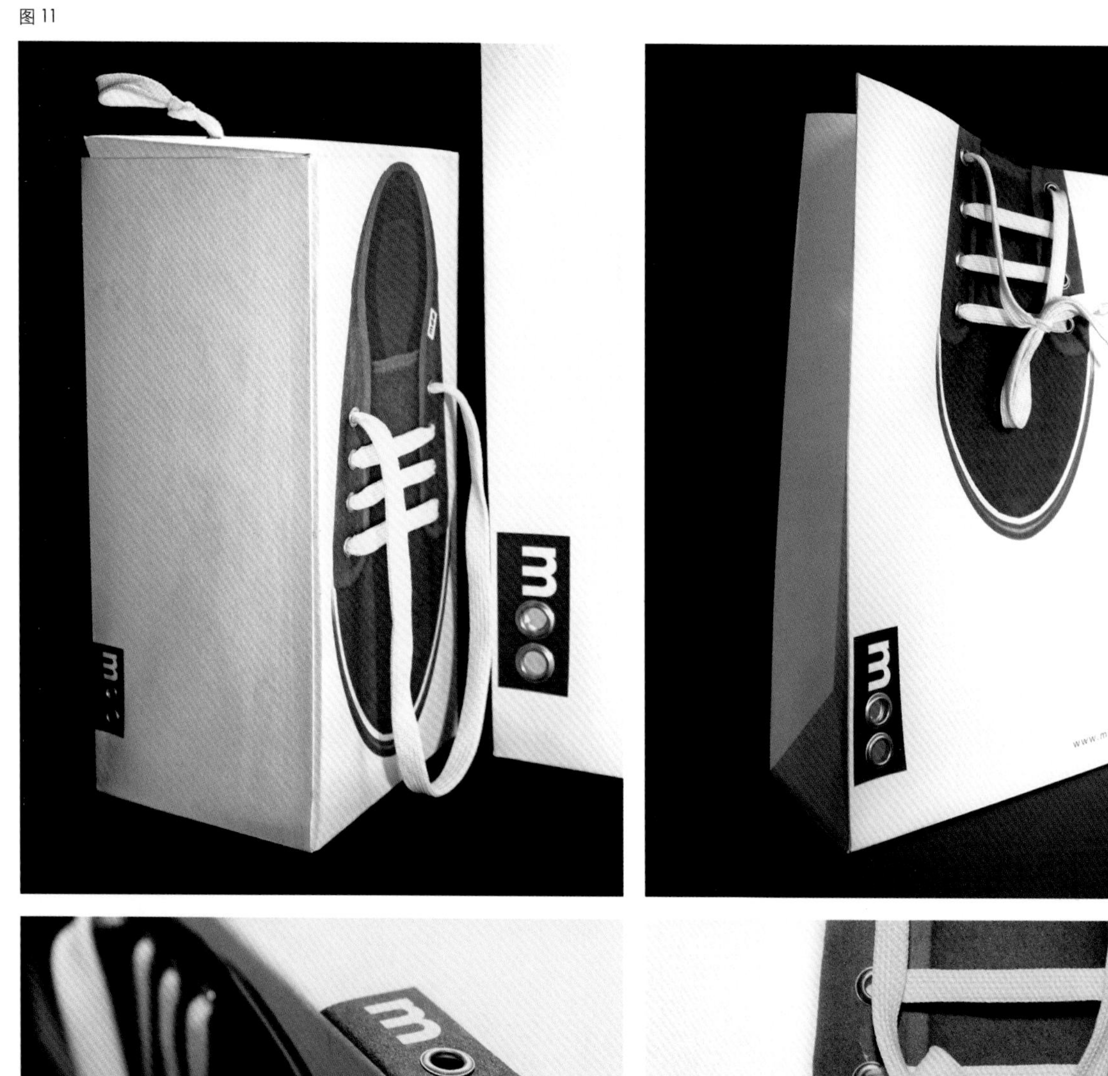

8. 纹理

简约风格的包装在时尚奢侈品牌中较为常见。实际上，包装设计中的负空间并不一定是空白的。设计师经常会用纹理结构将空间填满，但也需避免因背景过于强烈，而使主体对象和标识黯然失色。以下是三种添加纹理的方法：

a. 直接在美纹纸上压印图案。与纸品供应商进行沟通，确定限制因素并获取纸样。有些纸品不适用于油墨印刷。

b. 在空白纸上印制纹理。将纹理图案添加到平面设计软件中，印制出纯视觉纹理背景。

c. 借助附加的印刷工艺在空白纸上制作纸张特效。这种纸张特效可以是浮雕图案或局部过油处理，印制出触感质地的背景。设计师甚至可以在印制纹理图案的同时，制作纸张特效，从而设计出兼具视觉和触觉效果的背景。

给设计师的小贴士

1. 明确营销目标

需要通过包装设计实现几个目标？是季节性促销还是新产品发布？如何实现特定目标？策略是什么？又是如何实施和衡量的？有没有时限要求？设计师应当从最为关键的项目目标入手，然后回答上述问题。

在进行每个设计步骤时，都要将项目目标铭记于心。例如，什么样的图片和色彩更适合儿童服饰品牌的圣诞节促销活动呢？既然项目的目标是“节日”，那么设计师便应使用一些与节日相关的、能够吸引儿童的图片、色彩和主题。如不能明确营销目标，设计师便无法制定出正确的设计方案。图 12 展示的是一个折叠式眼镜盒。使用者取下眼镜后，可将这款眼镜盒折叠平整，进而达到节省空间的目的。

图 12

2. 定义品牌形象和品牌个性

我们经常会听到，“这是某种款式的服饰”。购物者通常有自己钟爱的品牌，并且经常购买和穿戴某品牌的服饰，这无非是因为其品牌个性符合他们的个性品味。那么设计师应如何向消费者传达“品牌个性”的信息呢? 除了设计实际商品的服饰设计师、制作前期广告的平面设计师以及引发消费者购买行为的网站创建者之外，包装设计师也会影响消费者的最终购买决定。如需从上述角色中选出三个最为重要的角色，那便是服饰设计师、平面设计师和包装设计师，这三位设计师必须铭记品牌形象和品牌个性，一同为品牌推广而努力。

图 13

母品牌与子品牌的品牌定位案例

Abercrombie & Fitch 以其高格调、高质量和超清新的风格而著称。该公司生产的嬉皮士风格服饰已经占领了高端零售市场，是当今年轻人最青睐的品牌服饰之一。

子品牌：

- Abercrombie——童装品牌
- Hollister Co.——青少年服饰品牌
- Gilly Hicks——在澳大利亚注册的 Abercrombie & Fitch 品牌，产品以贴身内衣裤为主，也生产背心、T 恤、居家服、睡衣、瑜珈服、香水、护手霜、乳液等产品

Gap[4] 以其简单的服饰分类而著称，主要生产 T 恤、牛仔等产品。Gap 也推出了儿童系列产品和婴儿系列产品，其目标客户群体为年轻的职场人士。

子品牌：

- Banana Republic——为年轻的职场人士打造的商务服饰品牌
- Old Navy——为家庭和年轻消费者打造的充满乐趣、时尚、家庭感、高贵不贵的服饰品牌
- Intermix——多品牌服饰品牌
- Athleta——女性运动服饰品牌

图 14

品牌形象和品牌个性的概念可以被直观地展现出来。服饰品牌的产品目录和广告模式是最为强大的信息媒介，旨在向消费者传达如下信息："您可以像她一样美丽动人"。这是服饰行业惯用的营销手段，虽简单直接，但效用甚佳。

例如，图 13 展示的黑白色调即经典雅致，又充满诗意色彩，这款内衣深受倡导简约生活方式消费者的欢迎。同样是女性内衣品牌，有着缤纷色彩和时髦设计的 Oop 品牌内衣（图 14）则是一个面向年轻女性的品牌。

美国女性内衣品牌——维多利亚的秘密，专门面向那些喜欢购买花哨、镶褶边、性感的内衣的年轻、时尚消费者。美国的橄榄球迷永远不会忘记 1999 年的美国超级杯职业橄榄球赛。一家内衣商在中场休息时，将内衣模特儿在跑道上走秀的情景进行网络直播，结果引爆了网络直播的灾难。女性消费者都希望自己可以像维多利亚的秘密的品牌模特一样美丽动人。性感的品牌形象和品牌个性在维多利亚的秘密的产品、广告和包装上均有体现。

与维多利亚的秘密相比，Soma 的产品显得更为实用和保守。Soma 也是一款女性内衣品牌，其品牌形象和品牌个性与维多利亚的秘密截然不同，具体体现在产品风格和包装设计上。没有合适模特展示的服饰无法售卖，网上购物更是如此。服饰产品和品牌也需要有合适的包装设计。

3. 从竞争对手中脱颖而出

竞争对手调研是营销策略开发的重要环节。设计师应当制定设计策略，通过巧妙独特的设计从竞争对手中脱颖而出。服饰包装设计就好像圣代冰其凌上诱人的红色樱桃，可以让人大饱眼福。

个体服饰店打响的营销战是品牌营销战，而百货公司发动的营销战归根结底是关于款式和包装设计的暗战。DSW（美国一家以销售鞋类为主的在线商店）代理了多个服饰配件品牌。消费者可以在商店里看到琳琅满目的鞋和包装。款式对那些便宜的新品来说至关重要，在消费者选购鞋子时，新颖别致的款式可以引发他们的购买欲望。在找到合适的尺码后，消费者会打开鞋盒，试穿鞋子。在感受鞋盒包装设计的同时，这场暗战也随即展开。设计师应当制定快速反应策略，让他们的产品从竞争对手中脱颖而出。

设计师可以借助具有奇特的外形、视觉设计元素、或特殊材料的包装盒从竞争对手中脱颖而出。在那些用传统材料制成的素色长方形包装盒中，一个用非传统材料制成的彩色非长方形包装盒会显得异常醒目。而包装设计的成功与先前开展的竞争对手调研密不可分。根据调研信息，设计师便可着手思考如何让产品包装变得与众不同。

不管包装设计师是否会以外形、材料和视觉设计作为设计策略，这些要素均需与品牌形象、品牌个性、设计理念和主题紧密结合。在完成竞争对手调研之后，大家会发现没有人会采用圆形、软材料和都市风格的设计。当然，这并不意味着大家不可以采用这种类型的设计。为什么其他人不采用这种类型的设计呢？这可能是某个行业不成文的规定。举例来说，在制作报价单时，设计师不会使用红色，即便客户的品牌色彩为红色。为了与品牌色彩保持一致，设计师本应使用红色，而他们没有这样做的原因是，在金融界红色字体常用来代表财政赤字，使用红色便会让人联想到这一点。

设计师可以借助多种不同的方法和技巧让他们的设计脱颖而出，但是他们使用的方法和技巧一定要恰当。Abercrombie＆Fitch[5] 是一个可以彰显年轻人生活品味的高端休闲服饰品牌，公司要求在店面内和服饰上喷洒 Abercrombie＆Fitch 的古龙香水，这也是一种独特的营销策略。此外，Abercrombie＆Fitch 的产品目录、广告和包装上都印有肌肉男的黑白图片。

Urban Outfitters 是一个推崇时尚、复古的创意专业品牌。为了与其略微独特的品牌形象保持一致，Urban Outfitters 经常推出一些与众不同的商品。因此，他们的包装设计应当体现其品牌个性和服饰款式。在设计色彩、插画、图片、图案甚至是处理文字时，设计师都应牢记这一目标。

4. 有效地吸引消费者的注意力

营销项目的目标大多数是增加销量。包装设计师如何帮助企业增加销量呢？首先，要让购物者发现你设计的产品！如果他们看不到你设计的产品，又如何购买产品呢？因此，整体的包装设计要以吸引购物者的注意力为目标。当购物者拿起产品、阅读产品细节时，你的设计需要激发购物者的购买欲望。否则，他们也不可能会购买这个产品。

引人注目的要素可以让你的设计从竞争对手中脱颖而出。上文提到的外形、材料和设计风格均有助于吸引购物者的注意力。上面三个要素中，设计风格最能引起消费者的兴趣。普通的印刷品平面设计师是以平面的，以纸张为设计材料的项目为主，而包装设计师却并非如此。他们需要使用多种材料设计出立体造型的包装。但是在进行视觉设计时，包装设计师同样需要遵循基本设计准则，在对比性、协调性和实用性之间找寻平衡，让包装的外形、材质和设计风格共同发挥作用。

5. 呈现清晰的信息架构

购物者很少会花时间阅读标签或是广告。包装设计师需要首先明确商品的信息架构，然后设计出可以反映商品信息架构的包装。需要优先体现在商品包装上的信息有：商品品牌、商品名称和与商品本身有关的重要信息。有些包装上印有美观的商品图片，人们一看便知包装内为何种商品。但是在外观胜于一切的服饰行业，购物者更在意他们看到的商品实物。

因此，在设计服饰包装时，设计师最好对包装进行一定的处理，以便购物者可以看到包装内的商品实物。如果服饰包装是一个盒子或是箱子，设计师可以进行开窗处理，让购物者看到服饰的颜色和质地。在服饰零售行业，品牌名称更为重要。奢侈品牌商品，如手表、珠宝、化妆品、礼品等类似商品的包装通常印有品牌名称而非商品名称。

包装设计师应当列出所有需要在包装上呈现的信息和元素，然后按照优先次序进行排列。无论是制定包装设计方案还是其他项目的设计方案，设计师都要先理清先后顺序，然后按照这个顺序进行设计。版面设计结束后，设计师还需进行认真复核，以确保信息构架的合理性。

哪些设计要素可以显示重要性呢？尺寸和对比度在这方面发挥着相当重要的作用。人们不会忽略巨大的图片和文字或是对比度高的颜色。设计师可以用大、中、小三种尺寸的文字和图片反映信息和元素的重要程度。颜色比尺寸要复杂得多，包括色度、色调和透明度三个方面，设计师应当对上述三个方面予以考虑。除此之外，还需实现颜色的协调运用，设计出让人赏心悦目的图片和文字，让所有要素一同发挥作用，为购物者呈现出美观的包装设计。

6. 包装设计背后的故事

我们通常认为讲故事是一种在书中常见的叙事方式。其实，讲故事也是一种强大有效的设计方法，可以帮助设计师和市场营销人员开发独特的设计理念和设计主题，最为重要的是，吸引购物者的注意力。设计师可以借助一个小元素、有趣的页面布局或是特殊材料讲述包装设计背后的故事，让消费者感慨这是多么聪明的创意。

那么包装设计背后的故事又是什么呢？其实就是设计师的设计理念。设计师运用讲故事的方法缩短设计师与消费者的距离，通过简单的设计元素或设计材料向消费者传递信息。设计主题也需按照讲故事的方式展开，如果设计概念与"小红帽"有关，那么设计主题应当是一顶红色的帽子，而不是绿色的夹克。

有些时候，讲故事确实是一种巧妙的方法，但如果过于巧妙，可能会适得其反。如果讲述过程要借助其他额外的材料或是更为复杂的生产工艺，势必会耗费更多的成本。事实上，创意好不一定价格高。广告业内常说"没有市场价值的创意算不上创意"。最具说服力的提案不仅要富有创意，还需带来经济效益。图 15 是一个非盈利性质的乳腺癌宣传项目，设计师对一套可爱性感的比基尼进行了全方位展示，让大家可以体会这个设计背后的故事。

7. 发挥想象力和创新思维

不要担心你的设计前所未有。在进行集思广益和调查研究时，顺便研究一下其他行业，看看能否将其他行业的创意应用到你的设计中。创新不仅意味着与众不同，还需在价格、功能和价值上进行完善。

图 15

8. 考虑各种可能因素

在进行设计前，设计师需要参观店面，见顾客所见。试着用顾客的角度审视设计。如果你是消费者，你会怎么看？包装费用也是商品成本的一部分，因此，也要将成本概念牢记于心。

Atelier Noir 是 Rudsak 旗下的一个皮革配饰品牌，专门为美国好市多公司供货。Atelier Noir 也生产鞋类产品，但与常规鞋类品牌不同的是，该品牌不会为顾客提供额外的购物袋来装鞋盒。包装设计师直接在鞋盒上添加拎手，将鞋盒和购物袋结合起来。这种设计方式不仅解决了没有购物袋的问题，还可有效减少成本，方便人们从货架上取下商品。这一巧妙的解决方案表明：在进行设计时，设计师需要考虑各种可能因素——店面环境、展示方式和顾客的购物习惯——轻松实现项目目标。如图 16 和图 17 所示，有了带有拎手的鞋盒，便无需提供额外的购物袋。

什么是“时尚”？——设计趋势

消费者喜欢追求新异。而视觉设计与时尚永远处在不断的变化之中。当一款设计变得日益普遍时，总会有另一款与之相应的设计因其新颖独创性而从众多设计中脱颖而出。

“有机”一词在现代社会中的应用非常广泛，不仅可以用来形容我们所食之物，还可以用来描绘我们所见之物。在平面设计领域，有机通常意指设计的随性风格和独创性。下面介绍两种主要的设计趋势：

图 16

图 17

1. 手写字体

人们不会去逐一打开大量的垃圾信件，但还是愿意看看那些手写的密封邮件。寄件人采用手写形式而非电脑文本批量发送的形式将邮件寄送到收件人手中。如果遇到需要寄出上百万封商业信函的情况，便不可能通过手写信件的形式完成。这时，人们可以使用与手写字体相近的电脑手写字体。字体设计师一直在忙于制作可以模仿各种手写的字体。如今，手写字体在商业项目中的应用越来越广泛，而个人书写风格的使用可以延续个性主题，让某些商业项目在激烈的市场竞争中崭露头角。

是什么让签名变得个性化呢？每个人都有自己独特的手写风格。无论是手写体还是印刷体，都会给人一种无法复制的感觉。不管经过多少次印刷，字母“a”的电脑字体都不会有任何变化。倘若是手写的话，情况就大不一样了。人类不是机器，不会书写出完全一样的字体，但多变的字体却可以增加阅读的趣味性。书法字体是一种应用广泛的亚洲字体，书法笔触可浓可淡，可弯可直，时而整洁，时而潦草。罗马手写体的线条柔和、卷曲，具有一定的装饰性效果。

为了让设计变得与众不同，大家应当研究一下上文提到的流行趋势。新颖独特的设计更具价值。当电脑手写字体得到广泛运用时，个人书写风格也因其新颖独特性而变得更加出众。设计一套手写字体需要耗费很多的时间和精力，设计师首先要将手绘草图扫描到电脑内，然后进行数字化存储，将手绘草图编辑成图片。如图 18 所示，包装上的手写字体具有一定的独创性，无人能够模仿。

2. 创意插画

免版税素材图片大都千篇一律。出于便利性和成本效益上的考虑，这些图片已被重复使用多次，设计师及其客户正在搜寻一些更具吸引力的创意图片。消费者们非常喜欢那些带有“你很特别”和“非你莫属”意味的独特设计。风格独特的插画具有很强的视觉吸引力，

图 18

因而作为品牌标识出现在公司各条生产线上。而当这些品牌标识遍及所有生产线时，设计师一定要注意保持标识的一致性。例如，儿童服饰商店通常会采用一些与宇航员、消防员等与超级英雄主题相关的简单轮廓插画（图 19）。

怀旧风格不应只停留在老式手写字体上。当所有人都在试图解决如何用电脑进行数字化制图时，创新型设计师却反其道而行之，调转方向，回归传统媒介：纸张和毛笔。天然的纸张效果虽然无可替代，但在当今这个数字化的世界里，却是可以复制和再现的。用传统媒介绘制出的插图可被转换成数字化文件，成为编辑处理环节的一部分。

Los Playeros 是一个 T 恤品牌，包装设计师将设计与手写字体和插画结合起来，设计出这款夏天主题的冰激凌造型包装袋（图 20）。设计师没有使用花哨的 T 恤模型图片，而是在包装袋上绘制出造型独特的字体和富有趣味性的夏日活动插画。

为了与手写字体的随性风格相称，设计师使用了一些用曲线造型的插图，这些插图是包装设计的一大亮点。设计师可以选择前卫风格的插图或是怀旧风格的插图。怀旧风格并不意味着过时或是不受欢迎，而是回归到一个装饰元素广受欢迎的特定时代。这种风格的插图可以给人一种眼前一亮的感觉。

3. 简明性

在当今这个信息化互联网时代，发布像素广告比在高速公路上安装巨幅广告牌要贵得多。消费者可以在小小的手机屏幕上浏览商品，所有视觉资料也变得更为简明，最简单的处理数据仅为文件大小。设计师可以使用简单的色彩和形状，以达到减少数据量的目的。如今，

图 19

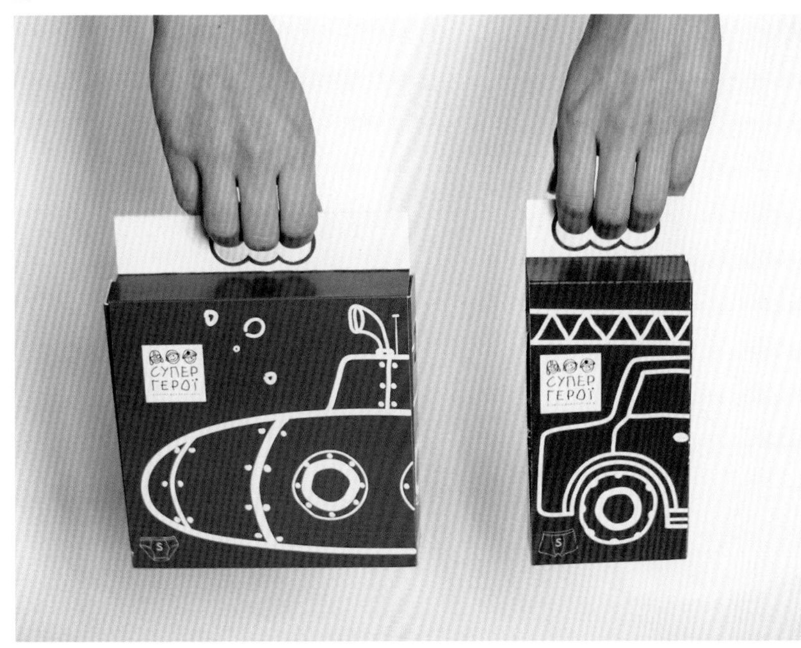

图 20

人们对简明性的追求已经影响到社会的方方面面，从企业网站到公司标识无不受到简明性要求的影响，这其中也包括包装设计。

预示未来包装设计趋势的 Dieline 包装设计奖发挥着至关重要的作用。[6] 在这个追求“越少越好”的时代里，这一包装设计奖项也在一定程度上影响着服饰包装的外形和色彩。服饰包装的外形将变成简单的几何体，其色彩也将变得平淡素雅。例如，与传统的眼镜盒不同，ANVE 眼镜盒（图 21）的设计十分简单，对折后的圆形材料不仅可以起到保护眼镜的作用，还可以方便人们携带。

4. 环保意识——减少、再利用、回收

美国环境保护署的研究报告显示，在过去的十年里，美国的包装垃圾量从垃圾总量的 36% 下降到 30%。[7] 这其中的主要原因在于包装设计材料使用量的减少，而材料使用量的减少也在一定程度上减少了包装垃圾带来的环境影响。当然，可回收材料的再利用也发挥了不小的作用。环境问题引起了世界各地人们的广泛关注，因而向服饰包装设计师提出了新的要求——不得损坏生态环境。人们应当使用可持续、可回收材料制成的包装。越来越多的设计师选择使用再生纸、硬纸板作为包装材料，用大豆油墨来进行印刷。不必要的商品包装会增加商品成本、造成浪费，客户和购物者都极力提倡精简包装。

如果说包装设计的趋势是“越少越好”，那么简化包装材料可以有效减少包装垃圾给环境带来的消极影响。简化包装材料不仅有益于改善生态环境，还可以减少商品成本。全球著名的运动品牌彪马推出了一款集鞋盒、袋子于一体的的包装。压平后的鞋盒便于存放和再次使用。无盖的鞋盒设计不仅节省了包装材料，还可以让购物者看到里面的鞋子。

图 21

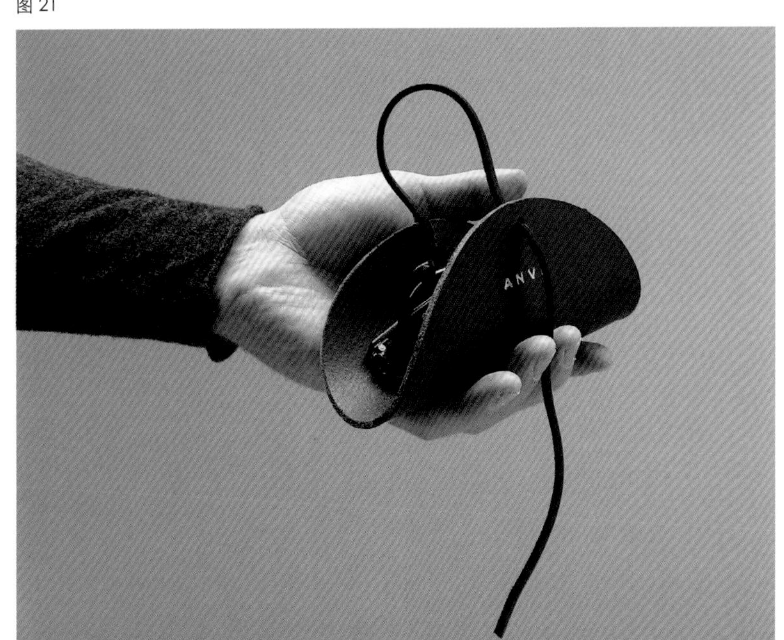

图 22

包装设计的巧妙之处在于打造可重复利用的包装。这一设计理念不仅可以增加商品包装的使用价值，还有助于扩大品牌效应。露露柠檬是一个运动服饰品牌，该品牌为顾客提供了一款美观的手提袋，人们可以拎着装有衣服的手提袋去上瑜伽课。这其实是一种免费的植入性营销策略。Arrels 是西班牙巴塞罗那的一个鞋类品牌，该品牌为顾客提供了一款可作为购物袋重复使用的包装袋（图 22）。

帆布、合成纤维或者耐用的厚塑料均可作为可重复使用包装的制作材料。（很多国家已经颁布了法令，明令禁止使用一次性塑料袋，其他国家也正在制定相关法规。）杂货店经常会使用普通的可重复使用购物袋，有些购物者喜欢收集高品质的购物袋或是奢侈品牌的购物袋，即便它们不是用耐用材料制成的。

很多国家的杂货店已不再提供塑料袋，因此，购物者需要自带可重复使用的购物袋。为了方便携带，这些购物袋被设计成折叠式或压缩式，人们可以将购物袋折叠或压缩成钱包大小，这种小型可重复使用的购物袋将成为未来购物袋的发展趋势。无论是设计精简的包装还是用可重复使用材料或可回收利用材料制成的包装，设计师都应以减少环境影响为原则，这对每个人来说至关重要。

5. 色彩趋势

色彩趋势每年都在变化。从 2000 年开始，潘通色彩研究所每年都会选出一年的流行色。作为服饰行业的色彩主宰者，潘通色彩研究所将“玛莎拉红”选定为 2015 年的流行色，2016 年的流行色则是“粉晶”和“安谧蓝”[8]（如图 23）。

最新的色彩趋势影响着服饰行业乃至电子工业、家电制造业等关注色彩趋势的行业发展。苹果公司等手机生产商一直在追赶时尚潮流。翻看一下苹果手机的发展史，我们便会看出一些近期的色彩趋势：苹果手机的色彩从最初单一的黑色，到后来增添的白色、银色、金色和粉晶色。

6. 电子商务

越来越多的消费者喜欢在网上购物，他们只需用几秒钟的时间便可在家中完成购买过程。网店的收益逐年递增。一些服饰品牌甚至根本没有实体店的运营模式，只在网店上销售自己的品牌服饰。2015 年，网络零售商的假日销售额增长了 15%-16%。[9] 网购商品可以直接被送到家门口，如果去实体店购买，会耗费购物者更多的时间和精力。因此，一些零售商店选择减少实体店的数量，扩展网上业务。虚拟商店的出现给服饰行业带来了极大的影响，消费者的购物习惯也已经发生了巨大改变，因此，包装设计师也应做出调整，去探索更具创意的包装设计方法。

网上购物时，消费者是无法在做出购买决定前看到商品包装的。他们也看不到服饰吊牌和购物袋。购买过程结束后，消费者会收到联邦快递、UPS 快递、美国邮政等承运快递的棕色纸箱。这种新型的销售流程将会给包装设计带来一定的影响。网购商品会直接从生产商或货品仓库发往目的地，因此，包装设计师需要设计出全新的商品包装：运输箱。除了棕色的纸箱之外，还可以设计哪些类型的运输箱呢？这对富有创造性的服饰包装设计师来说是一个很好的机遇。

设计师应当跳出自己的平面世界，学习一些商业语言。如今的商业模式已经变成了电子商务和虚拟商店，设计师也需进行相应的调整，让自己的设计符合美国邮政、UPS 快递、联邦快递等承运快递和客户的要求。在设计商品包装时，设计师需要留下一个可以粘贴承运商标签的位置。

转运配送

转运配送是一种常见的供应链管理办法。零售商无需查看、打包、运送商品便可将商品送到顾客手中。零售商无需在库房中存放商品，而是将客户订单和装运细节发送给供货商。供货商可能是生产商、零售商或批发商。供货商会将商品直接发送给顾客。为了保证上述环节不被泄露，零售商会让供货商在不填写寄件人地址的情况下将商品发送给顾客，而有些零售商会定制带有零售商联系信息的装箱单。转运配送不仅可以减少商品积压带来的损失，还可以减少商品的运输成本和包装成本。[10]

图 23

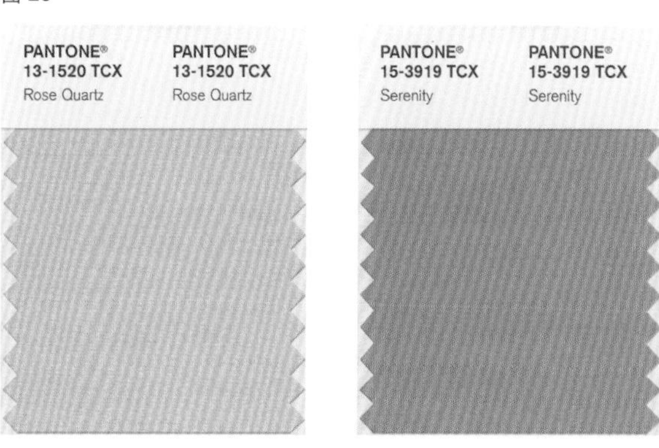

结语

服饰款式日新月异，在网上购买服饰的消费者会越来越多吗？很有可能。为了鼓励消费者在网上购买服饰，很多电子商务网站都会为消费者提供尺码表、包邮服务或店面提货服务。但总会有消费者喜欢看到商品实物，在购买前触摸面料、进行试穿、试戴。有些消费者会说“我从不在网上购买服装，我需要试穿一下才能决定”。因此，实体店可能变得越来越小，但还是有存在的必要。

网上购物改变了消费者的购物习惯，环保意识也在帮助人们养成绿色的生活方式。可持续包装已然成为人们日常生活的一部分。为了提升品牌知名度，包装设计师应当想消费者所想。[11] 消费者希望使用何种类型的可重复使用购物袋？目标消费市场是什么？包装设计

References
参考文献

师可以设计一些可用于体育活动的可重复使用购物袋，比如为运动服饰品牌设计一款背包式购物袋，供人们去健身房时使用；或是将设计重点放在购物袋的耐用性上，比如为家庭服饰品牌设计一款耐用的可重复使用的购物袋。在设计包装时，设计师不仅需要站在消费者的角度上思考，也需要站在市场营销人员和客户的角度上思考。

设计原则不会改变，出色的设计不会因为时代的变迁而改变。为了适应快速变化的商业环境和不断变化的市场需要，设计师需要对自己的接受能力和概念思维进行迅速调整。特别是在日新月异的服饰市场，包装设计师应当敏锐地意识到服饰行业的发展趋势，为商品设计出合适的包装。

上述变化可能会让普通的包装设计师感到恐慌，但是对于那些服饰包装设计师而言，变化意味着机遇和创新。真诚地希望书中的设计提示、技巧、手法和趋势能够给您带来一定帮助。

1. ISTA. (2016)
2. 《服饰零售市场之细分市场》(List of Market Segments for the Retail Clothing Market)，作者里克·萨特尔 (Rick Suttle)，德曼德·梅迪 (Demand Medi)
3. 可视化电子教学影响力研究 (2014 年 7 月 8 日)，作者古铁雷斯·K. (Gutierrez, K.)
4. 《三个证明价格与定位之间关系的品牌》(Three Brands That Prove To Relationship Between Pricing and Positioning, 2015 年 3 月 31 日)，作者 Shpanya, A.
5. 《是什么让你走近 Abercrombie & Fitch》(This Is The Reason Going Into Abercrombie & Fitch Gives You Anxiety, 2014 年 5 月 30 日)，作者劳拉·斯坦普 (Laura Stample)
6. 《2016 年的四个新潮包装设计趋势——本质主义》(Emerging Packaging Design Trends of 2016—Essentialism, 2016 年 1 月 14 日)，作者文茨劳·G. (Wenzlau, G.)
7. 《从危机到神话：包装垃圾问题》(From Crisis to Myth: The Pakcaging Waste Problem(Op-Ed), 2015 年 4 月 22 日)，作者鲍勃·科林菲尔德 (Bob Lilienfeld)
8. 潘通色卡官网，《关于粉晶和安谧蓝的介绍》，(INTRODUCING ROSE QUARTZ & SERENITY, 2016 年)
9. 《网上销售额激增，店面销售额下降》(Online Sales Surge While In-Store Sales Drop to Start the Holidays, 2015 年 12 月 1 日)，作者桑德拉·盖伊 (Sandra Guy)
10. 维基百科，转运配送 (Drop Shipping, 2015 年)
11. 创新策略与商业设计 (Creative Strategy and the Business of Design. How Books, 2016 年)，作者戴维斯·道格拉斯 . (Douglas Davis)

Clothes Packaging

服装篇

Hard Lunch T 恤包装

这款新型 T 恤包装是为俄罗斯的街头服饰品牌 Hard Lunch 设计的。该品牌的产品外包装采用了快餐食品包装的概念，比如用面包卷的盒子包装 T 恤，用披萨盒子包装卫衣和运动衫。这种富有创意的包装风格符合品牌的美学概念，赋予了 Hard Lunch 这个品牌以全面、完整而又独一无二的形象。富有质感的包装盒，强调排版的时尚设计，以及位于正中位置的可撕拉条，都将带给消费者意想不到的体验。这种包装可保护衣服表面印刷不受磨损，使消费者得到一件完好的 Hard Lunch T 恤。

委托方
Hard Lunch Clothing

设计师
Vladimir Strunnikov

材质
纸板

尺寸
200mm x 84mm x 52mm

完成时间
2014 年

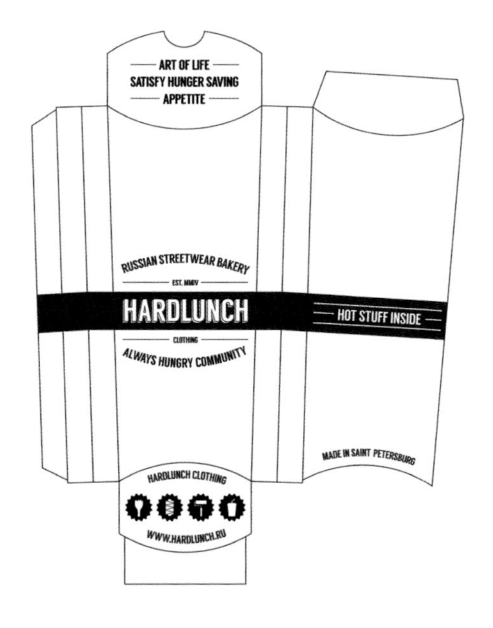

HARD
Lunch
ALWAYS HUNGRY COMMUNITY
CLOTHING •

ART OF LIFE
SATISFY HUNGER SAVING
APPETITE
RUSSIAN STREETWEAR BAKERY
HARDLUNCH
CLOTHING
ALWAYS HUNGRY COMMUNITY
HARD LUNCH CLOTHING

HARD LUNCH CLOTHING
ALWAYS HUNGRY COMMUNITY
ART OF LIFE
SATISFY HUNGER SAVING
APPETITE
Lunchtime
ЗЕНИТ

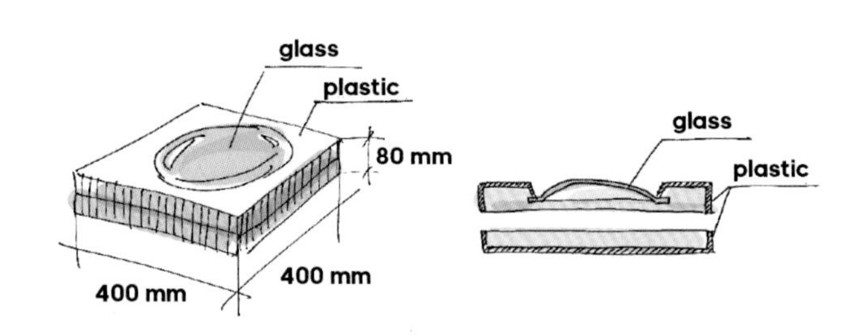

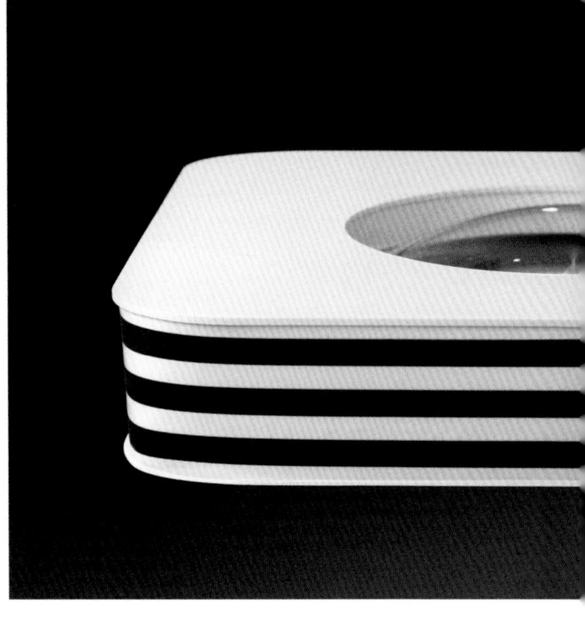

阿迪达斯宣传包装

为庆祝 2014 年世界杯，阿迪达斯为俄罗斯国家足球队设计了一款新的客场球衣。受俄罗斯在太空探索上取得的巨大成就启发，阿迪达斯的设计师们将宇宙美学融入到这件球衣的设计中。TBWA 莫斯科分公司专门为客场球衣发布会制作了可体现球衣设计哲学理念的特殊包装盒。包装盒采用塑料和玻璃制成，其外形使人联想到眺望地球的太空船探照镜。每个出席发布会的记者都收到了这款装在探照镜包装盒内的队服，简洁且符合人体工程学的包装设计受到了专业媒体的一致好评。

委托方
adidas

设计机构
TBWA\Moscow

设计师
Andrey Bochkov

材质
塑料、玻璃

尺寸
400mm x 400mm x 80mm

完成时间
2014 年

adidas
adidas

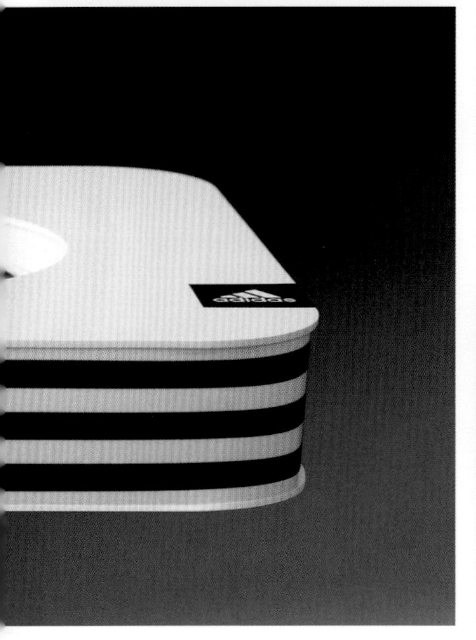

adidas

T 恤包装

由奥地利设计协会举办的创意包装大赛在维也纳博物馆区的设计论坛举行。创意包装大赛的纲领是以减少浪费、关注环保为宗旨来进行包装设计。该项目旨在树立一个创新的 T 恤包装设计理念。这是一款可重复利用的包装，人们可以迅速且毫不费力地叠好 T 恤，装进包装。该包装可一次同时收纳三件 T 恤。出于环保方面的考虑，设计师选择了一些可再生且耐用的材料，让这款包装成为叠衣服的工具。包装的名字"TechnoFold"诠释出包装的工作原理和功能属性，而且可以引起年轻人的共鸣。应用图形可以使包装的利用面积最大化，简约的设计方法可以减少油墨在包装生产中的使用量。

设计师	尺寸
Bastian Müller	450mm x 250mm
材质	**完成时间**
400 克再生纸	2012 年

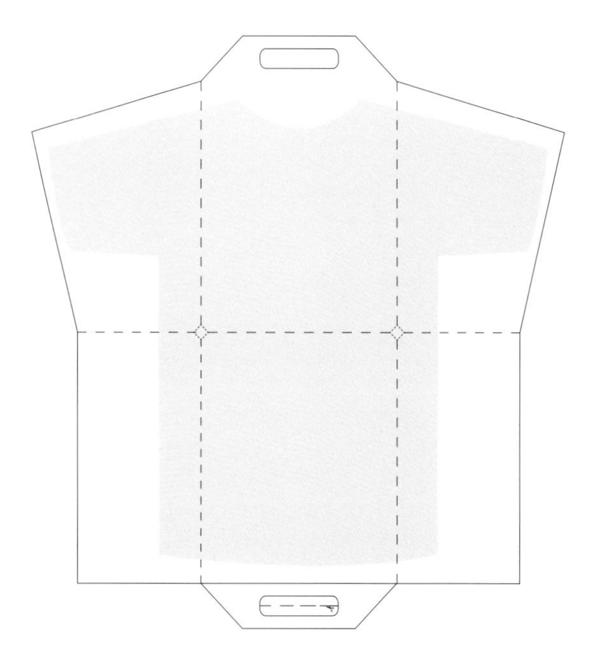

ZARA ART GALLERY
M - 38
WE BELIEVE IN ART

Tiny People 礼品盒

设计这款包装产品的挑战在于，在符合潮流的同时，还要令人过目不忘，且使用便捷。这款包装盒两侧的椭圆形凹陷设计可使其中的衣物置于包装袋的中间部位。包装盒上印有店名及地址等品牌信息，还有一只人见人爱、系着蝴蝶结的可爱小熊作为包装上的亮点。包装盒分两种颜色，分别是女生用的炫粉色和男生用的酷蓝色。

这款设计的点睛之笔在于，使用一根带子便可将包装盒变为挎包使用。这款包装盒由上等硬纸板制成，结实耐用。设计师还对包装盒底部进行了额外加固，避免因跌落而损坏包装盒。

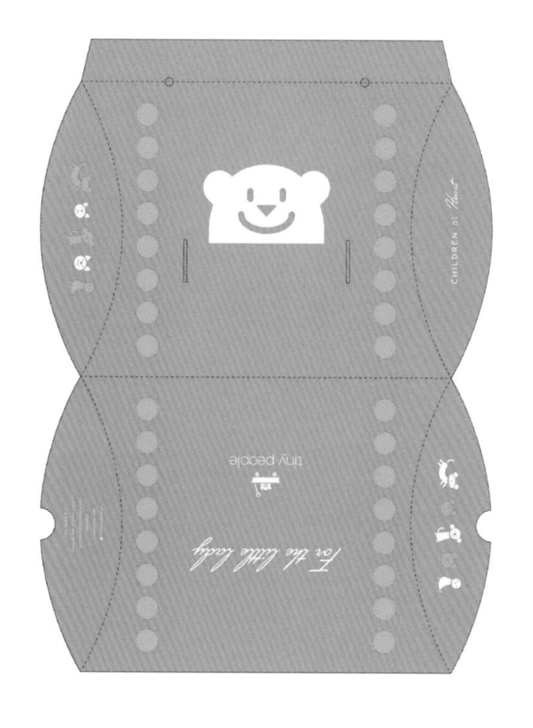

委托方
Tiny People

设计机构
Analog Agency

设计师
Misael Ávalos

材质
纸板、丝带

尺寸
280mm x 360mm x 80mm

完成时间
2014 年

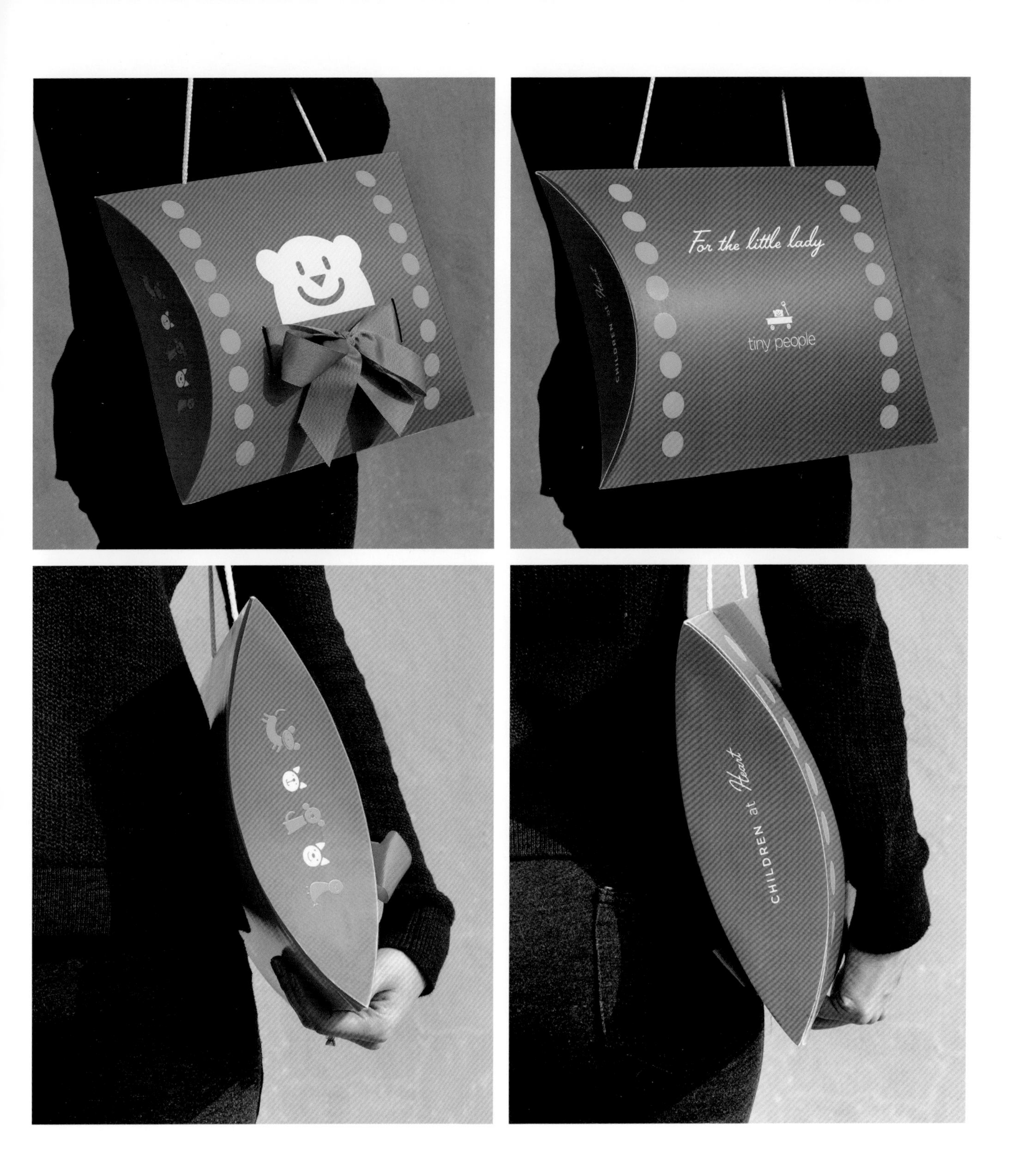
For the little lady
tiny people
CHILDREN at Heart
CHILDREN at Heart

衬衫包装

这是一个针孔照相机！设计师与华沙科学中心“哥白尼”合作，旨在开发一款以太阳为设计灵感的教育性产品。这个盒子不是普通的包装盒。盒内衬衫对应印制图案的位置上覆有一层光敏物质。你只需将盒子带到一个你想拍照的地方，将盒子放在被拍摄物体前面，然后在盒子正面开一个小洞。过一会儿（最多 20 分钟），被拍摄物体的照片就会出现在你的衬衫上了。

委托方
Copernicus Science Centre

设计机构
NOTO Studio

设计师
Anna Wręga, Kaja Nosal

材质
纸板、光敏物质

尺寸
190mm x 190mm x 100mm

完成时间
2013 年

1. Poleć na wakacje (lub zrób sobie wakacje w swoim mieście)
2. Stań przed fotografowanym obiektem z Olshirtem w dłoni
3. Rozsuń dwie części opakowania do miejsca wyznaczonego przerywaną linią (kierunek pokażą ci strzałki)
4. Odklej poniższy wizjer i przyklej na górze opakowania w wyznaczonym miejscu
5. Ustaw pudełko przodem do fotografowanego obiektu
6. Zdejmij z pudełka naklejkę przedstawiającą obiektyw
7. Naświetlaj odpowiednią ilość czasu (pomoże ci załączona tabela)
8. Przyklej nalepkę-obiektyw z powrotem, żeby przerwać proces naświetlania.
9. Wyjmij Olshirt z pudełka (kiedy poczujesz opór, szarpnij mocniej)
10. Wypierz Olshirt z użyciem detergentu
11. Noś dumnie Olshirt !

Hikeshi 包装设计

Hikeshi 是日本时尚品牌 Resquad 旗下的一个高品质的服装系列品牌。包装设计概念的灵感来源于十八世纪日本“江户”时期的消防员。当时的消防员拥有武士一样的地位。包装设计所采用的字体及色彩赋予该品牌以现代风格，而材料的选择、组合，以及多种元素的结合使 Hikeshi 成为经典。

委托方
Toshihiro Sato

设计机构
Futura

材质
曼塔纺织布

尺寸
220mm x 390mm x 140mm

完成时间
2015 年

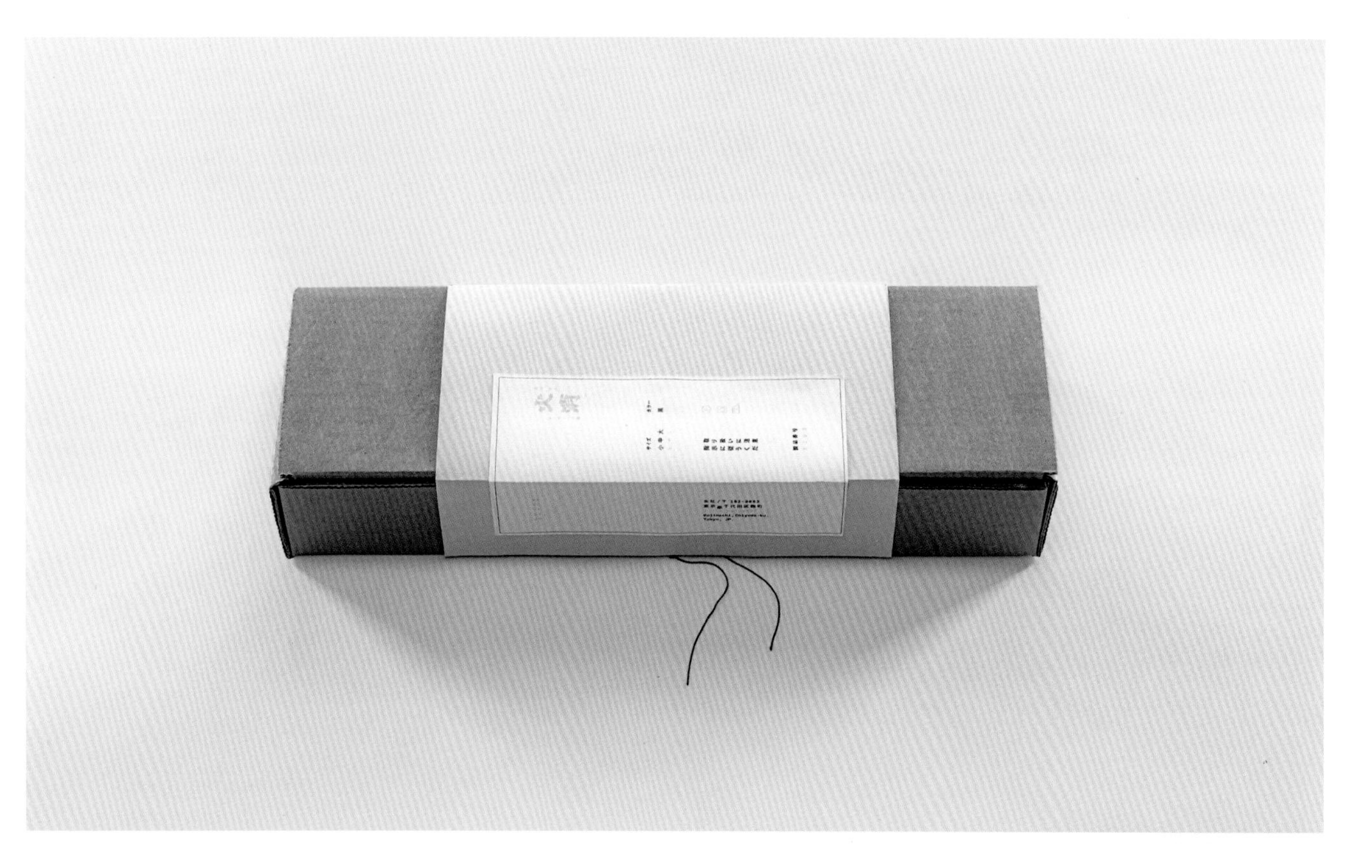

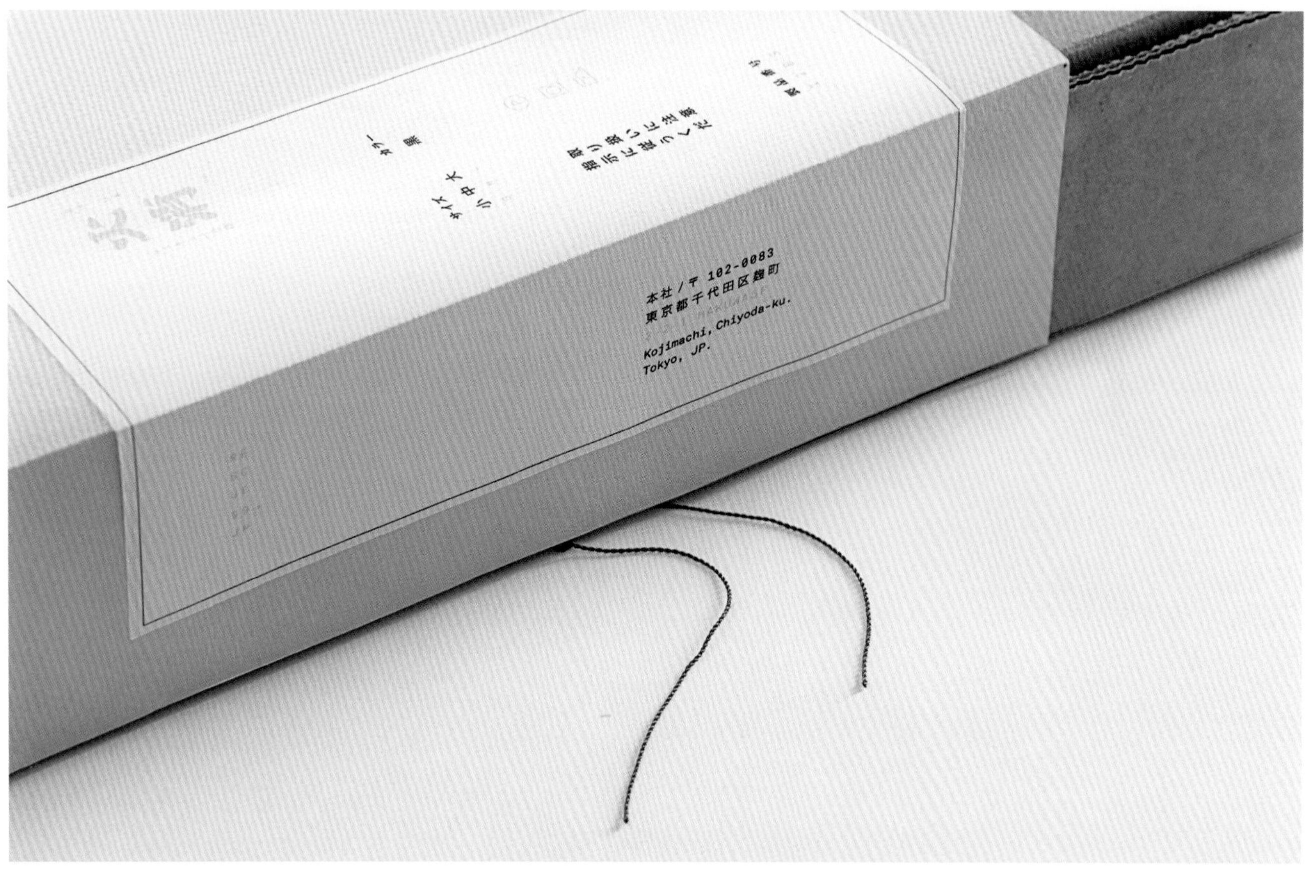
本社 / 〒 102-0083
東京都千代田区麹町
Kojimachi, Chiyoda-ku.
Tokyo, JP.

牛仔包装盒

这款限量版牛仔裤仅在劳动节当日线上有售。运送时内外对调：送货单和账单在盒子里面，而牛仔裤包裹在盒子外面，这种设计方式让整个包装更加立体。为了迎合劳动节主题，设计师用麻绳捆绑住牛仔裤，使包裹看起来沉重且粗犷。包括牛仔裤的颜色和磨砂效果在内的每一个细节，都体现了劳动者的工作状态。

委托方
Mustang

设计机构
KOREFE. Kolle Rebbe Form Und Entwicklung

合作者
Christian Doering（创意总监），Katharina Ullrich（设计师），Tom Schuster（造型师）

材质
纸板

尺寸
240mm x 340mm x 80mm

完成时间
2014 年

MADE TO LAST
WORKER'S DAY
LIMITED EDITION

MADE TO LAST
2013
WORKER'S DAY
LIMITED EDITION

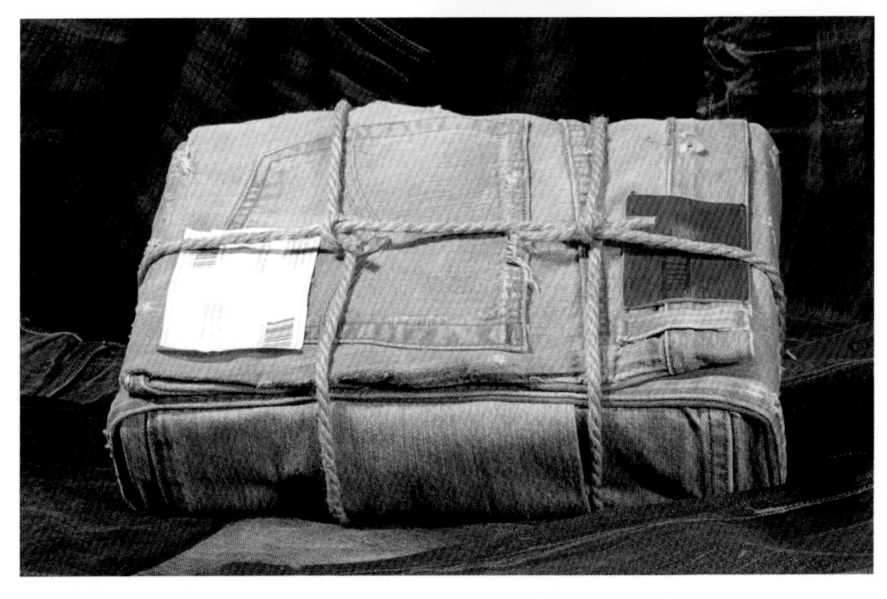

广源麻业衬衫包装

在设计该项目时，设计师脑海中浮现的是这样的一幅温馨画面：当她还是个孩子时，母亲为她缝制衬衫。母亲先是用粉笔在布料上绘出版型，然后剪裁、缝制布料，最后将一块方布变成了一件衬衫，这个过程对于儿时的设计师来说是非常神奇的。设计师循着温暖的记忆，将一块麻布剪出汉字“麻”的结构，然后将布与纸重新组合，让汉字“麻”在包装盒上呈现出新的面貌。

委托方
Guangyuan Ramie

设计机构
ONE & ONE DESIGN

设计师
Wen Li

材质
特种纸

尺寸
355mm x 265mm x 60mm

完成时间
2013 年

天地之源
縱橫之美
廣源藏品

Los Playeros 包装设计

2015 年的夏天，消费者们迎来了专门为夏天设计的“Los Playeros”品牌系列。在这个项目中，设计师通过插画形象以及吸人眼球的创新包装将创意融入设计，向人们传递夏天的讯息。这款冰激凌造型的包装吸引了众多消费者，因为他们无法想象到冰淇淋造型的包装内是一件 T 恤。打开包装后，消费者们便会看到“Pedalete”，一个卡通形象。除了“Pedalete”以外，设计师们还设计了一些众所皆知的西班牙海滩上的经典人物形象，像是留胡子的老头、带着伞和小冰箱的女士，以及冲浪的年轻人，同时采用了能够代表夏季的清新色调，并结合清凉的冷色调完成这项设计。

委托方
Iglöo Creativo, Raster Digital

设计师
Paola Coiduras, Eric Novo

材质
纸板、木料、薄纸

尺寸
100mm x 35mm x 235mm

完成时间
2015 年

Los playeros
60/100

Los playeros

Los playeros

Black Milk 宣传包装

该项目是由设计师为 Black Milk 的星战系列 Artoo and Threepio紧身裤设计的一款包装旨在为该服装产品进行宣传。受星球大战宇宙的启发，设计师产生了将包装设计成星际灯的想法。圆筒造形富有美感、方便携带，可以使人联想到光剑。圆筒外覆有薄纸，薄纸上印有产品的名称、型号、新浪潮的商标和一幅遥远的星系图片。为了让人们可以通过包装看到里面的紧身裤，并且让灯泡在使用时发出更多的光亮，设计师在包装上的“星球大战”这几个字做成了镂空设计。包装内有一条紧身裤、一个灯泡、一根电线和有趣的说明书。

设计师	尺寸
Jessica Ledoux	365mm x 77mm
材质	**完成时间**
塑料、薄纸	2014 年

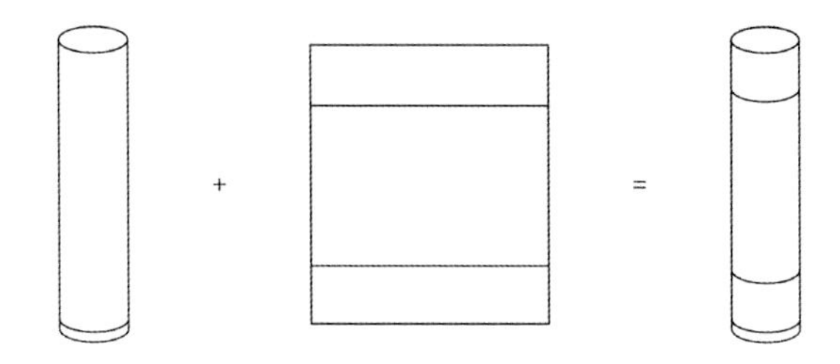

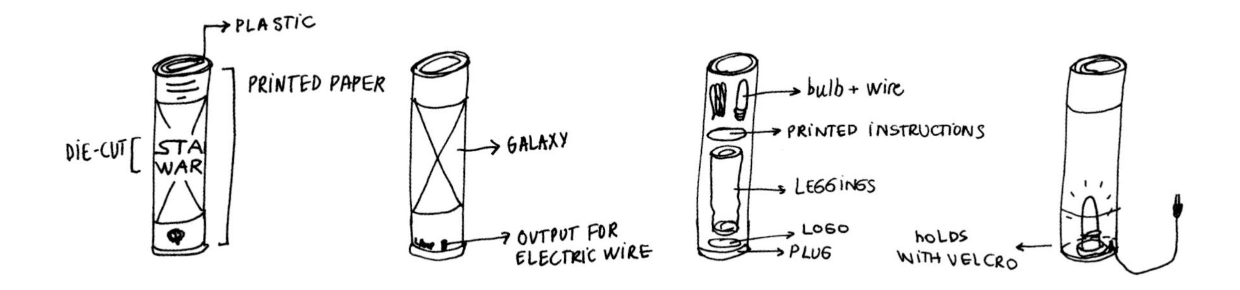

BlackMilk
LEGGINGS
ARTOO AND THREEPIO
SMALL
BlackMilk

LEGGINGS
ARTOO AND THREEPIO
SMALL
BlackMilk

主题 T 恤包装

该公司意图以革命为主题设计一款 T 恤包装。由于设计主题的严肃性，包装必须给人留下深刻的印象。在革命的时代，设计师相信设计会诠释他的情感。莫洛托夫鸡尾酒形状的 T 恤包装立即在他脑中闪现，然而将设计实现的过程是相当复杂的。经过多次反复尝试，设计师终于找到了完美的 T 恤包装。卷起 T 恤将袖子留在外面，使它看起来像一个瓶子，袖子的造型与火焰相似。设计师用绳子将这个形状的包装固定，让其变成莫洛托夫鸡尾酒。为了防止 T 恤外部损坏，设计师用牛皮纸将 T 恤包裹起来。

委托方
REV Streetwear

设计机构
Romaxaweb

设计师
Hymon Roman

材质
牛皮纸、麻线

尺寸
225mm x 130mm x 20mm, 225mm x 60mm x 50mm

完成时间
2014 年

НОСИ
НА ГРУДЯХ
ВІРШІ
ШЕВЧЕНКА
СЛАВА УКРАЇНІ!
REV.COM.UA

НОСИ
НА ГРУДЯХ
ВІРШІ
ШЕВЧЕНКА
СЛАВА УКРАЇНІ!

彪马阿森纳球衣包装

德国彪马公司委托 Name & Name 设计一款阿森纳职业足球俱乐部 2015-16 赛季的球衣包装。该项目采用了阿森纳的经典色——红白两色为主色，包装上还绘有“球迷的力量”几个字。为了与文字相配，盒子会在打开时呈爆炸状，并展现出一幅电闪雷鸣的红色天空图像，里面精心摆放着红色衬衫。这款包装盒有两个版本的设计，分别为贵宾版和普通版。贵宾版采用金箔浮雕文字，并用特殊的闪光纸作为内衬。包装盒连同新球衣被寄往世界各地的博主和评论员，向他们推广这款新球衣。

委托方
Puma Germany

设计机构
Name & Name

设计师
Ian Perkins, Aja Lee, Christine Tseng, Tasha Chen

材质
纸板

尺寸
450mm x 350mm x 100mm

完成时间
2015 年

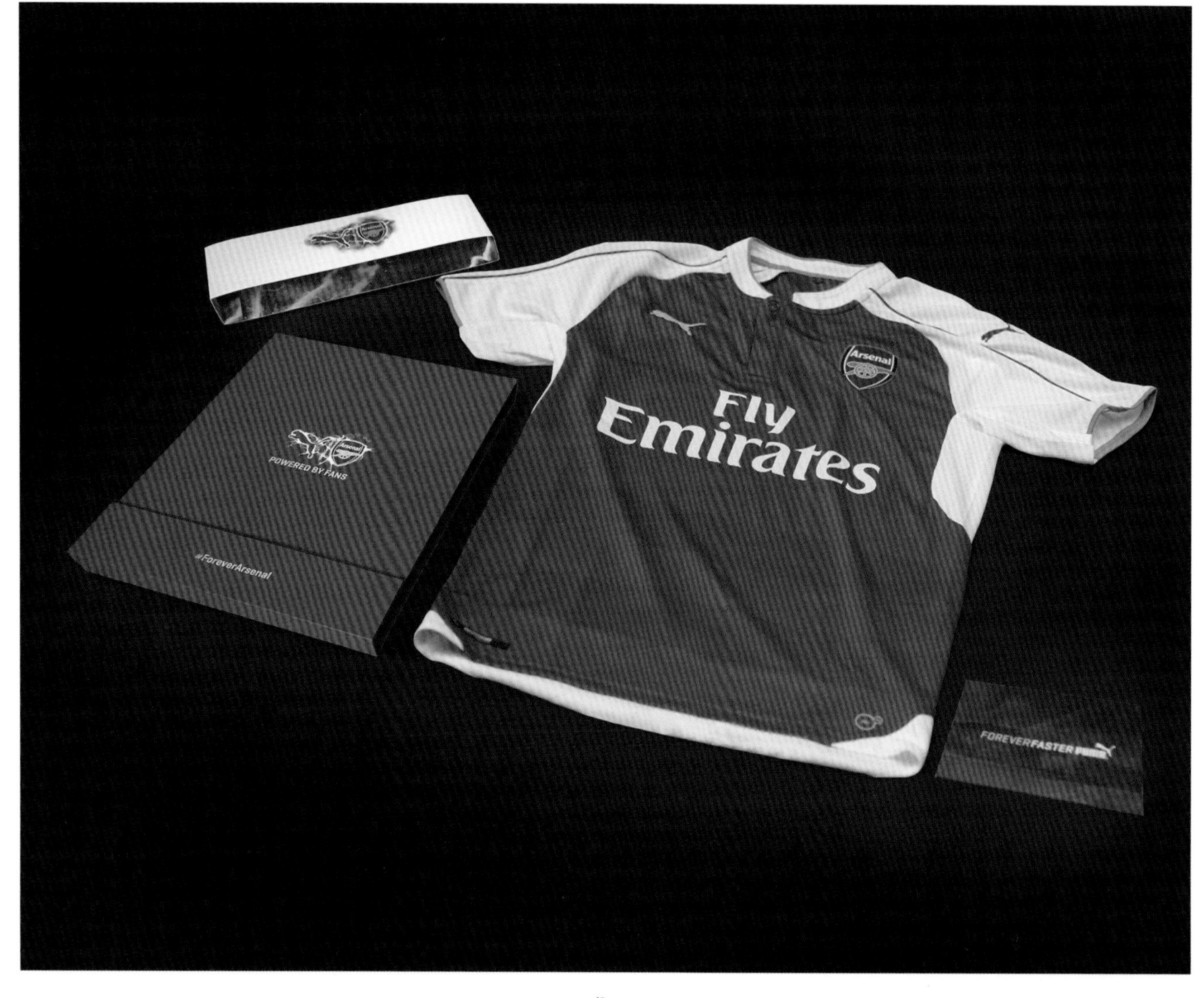

POWERED BY FANS

ERA ORA T 恤包装

几年前，设计师们从意大利来到了美国北卡罗来纳州，同时也带来了简洁、优雅的风格和精致的手工艺。这款 T 恤已通过WRAP认证并在设计师的新家乡温斯顿－塞勒姆投入生产。用水性油墨印制的 T 恤具有极其柔软的触感。设计师们认为产品包装非常重要，他们希望自己的产品可以像礼物一样被拆开，给购买他们产品的客户带来愉快的体验。当然，设计师们在这些 T 恤上花的心思不会因为包装材料采用的是简单的棕色纸袋而有丝毫减少。

包装侧面的黑色贴纸以及包装中央的白色贴纸使之充满都市气息。这款包装是为喜爱街头风格、拥有年轻心态的消费者打造的。每件产品都用薄纸精心包裹，并附带一张感谢卡片表达对消费者的感激之情。

设计机构
ERA ORA STUDIO

设计师
Alberto Larizza, Kristal Trotter

材质
棕色纸袋、薄纸、贴纸

尺寸
260mm x 180mm x 30mm

完成时间
2015 年

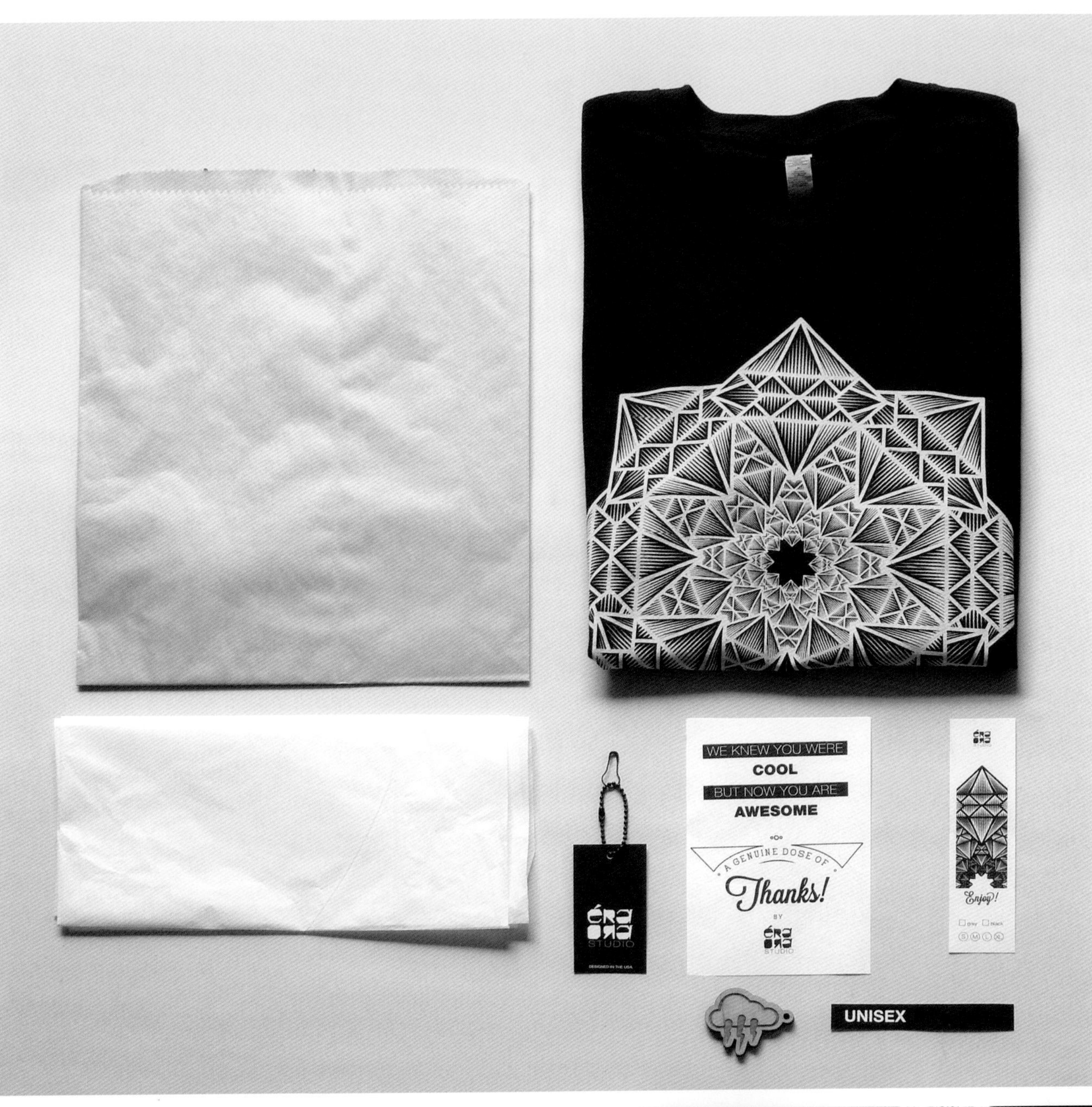

WE KNEW YOU WERE
COOL
BUT NOW YOU ARE
AWESOME
A GENUINE DOSE OF
Thanks!
BY
STUDIO
Enjoy!
UNISEX

FOR HER
FOR HER
Enjoy!

Enjoy!

澳洲国家足球队球衣包装

这款包装是为澳洲国家足球队 2014 年世界杯新球衣发布会所设计的。新球衣采用最新的激光切割技术制作而成，能在酷热的天气里更好地发挥性能。设计师们希望将这项技术运用到新球衣包装盒的设计上。随后，设计师们用激光将国家标志和耐克商标蚀刻在包装盒的两侧，并在盒盖上刻印了接收者的姓名。当人们拿起球衣时，便可在包装盒底部看到澳洲国家队在上届世界杯上为进军世界足球锦标联赛而奋勇拼搏的场景。

委托方
Nike

设计机构
Marilyn & Sons

材质
腈纶、松木盒

尺寸
380mm x 310mm x 60mm

完成时间
2014 年

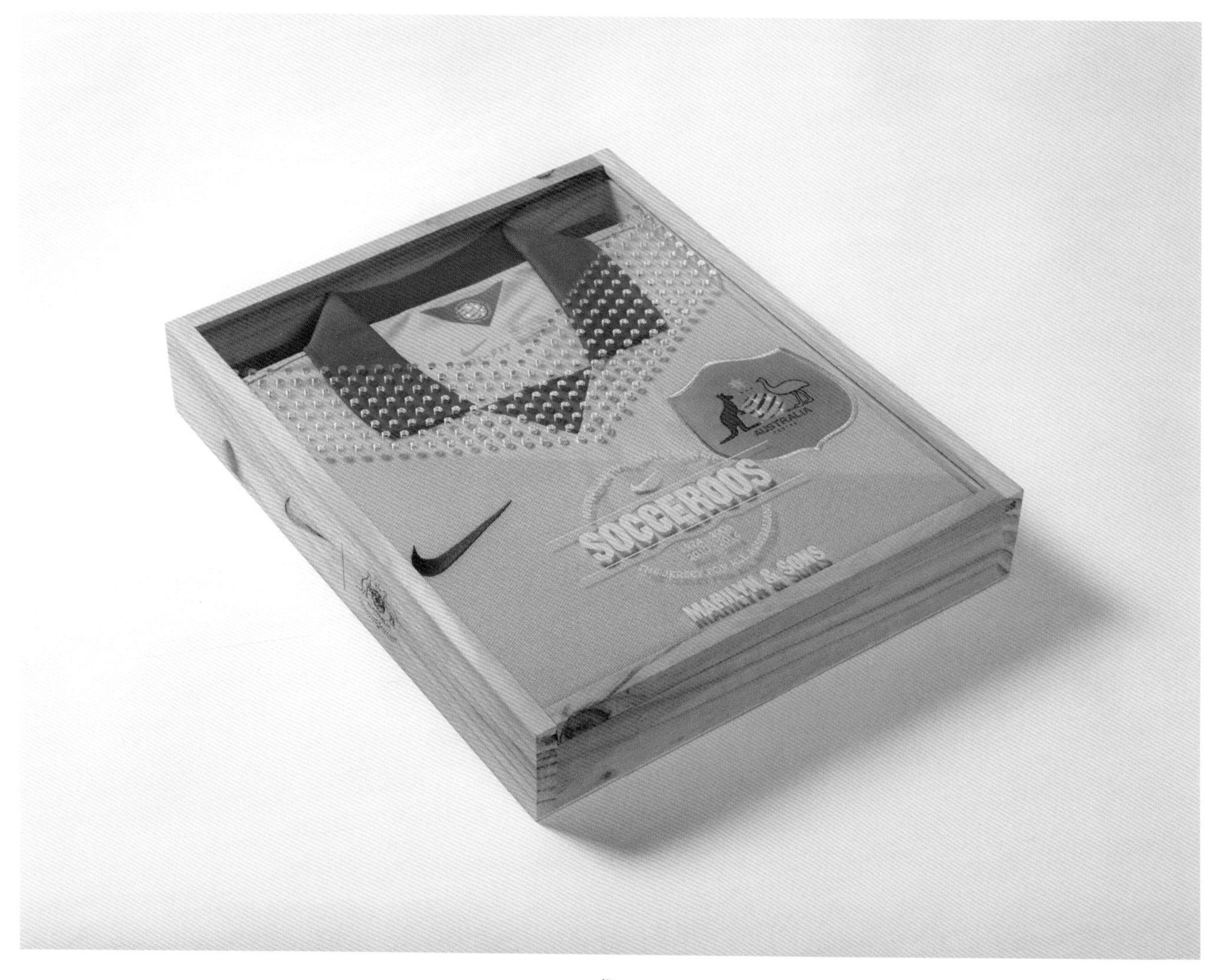

SOCCEROOS CAN
IMPOSSIBLE”
Socceroos Captain
WEAR IT WITH PRIDE.
#GOSOCCEROOS.
AUSTRALIA

AUSTRALIA

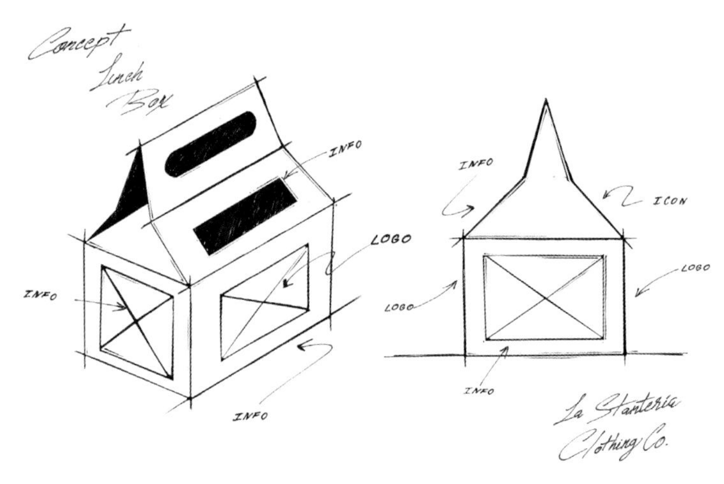

La Stantería
服饰包装

这是一个与墨西哥手工印花 T 恤有关的有趣项目。该项目的设计理念来源于墨西哥式创造力：从另一个角度看事物，赋予日常物件新的含义。因此，这款 T 恤包装最终以午餐盒的形式呈现在消费者面前。这款包装具有很强的功能性，能够装下三件 T 恤。包装设计的主要目的是传达品牌本质，打造清新、现代、美观的品牌形象，吸引年轻人的注意力。纯白色的背景与上面的黑色图案形成对比，产生强烈的视觉冲击。经过一系列的材料筛选后，设计师最终选择了实用的全木浆硫酸盐漂白纸作为包装材料，因为这种漂白纸易于收集和处理，并可在从出仓到目的地的整个运输过程中对产品起到有效的保护作用。

委托方
La Stantería Clothing Co.

设计机构
La División Brand Firm

材质
漂白木浆纸

尺寸
195mm x 115mm x 195mm

完成时间
2015

HANDLE WITH CARE
La Stantería
CLOTHING CO.
2015
ORIGINAL T-SHIRTS
ENJOY
YOUR
T-SHIRT.
CONTENIDO __ PZAS.
THANKS
FOR BUYING.
S M L XL
WITH CARE
ENJOY
YOUR
T-SHIRT.

HANDLE WITH CARE
La Stantería
CLOTHING CO.
2015
ORIGINAL T-SHIRTS

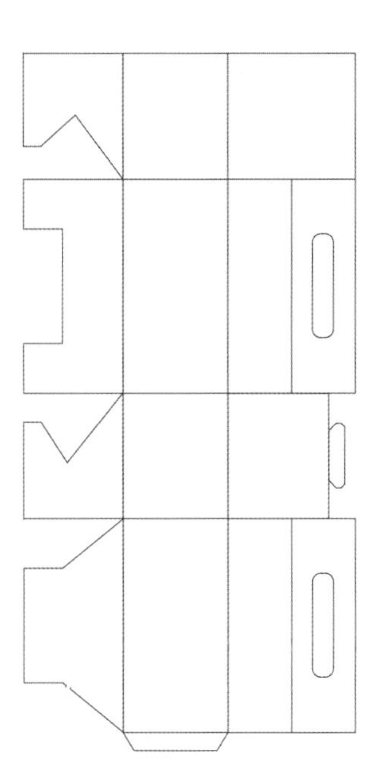

礼服衬衫包装

这款男士礼服衬衫的包装材料由塑料、纸板、包装纸和隐形别针组成。礼服衬衫无论是打包、存储，还是拆包都十分困难。而这种直立式包装却可为店员理货提供方便。当顾客想要试穿衬衫时，店员可以轻易地拆开衬衫包装。如果顾客不想购买，店员可以按照包装里的指南将衬衫轻松叠起，让衬衫包装看起来完整如新。顾客也可在购买衬衫后再次利用包装盒将衬衫打包装进行李箱，或是将包装折叠并让挂钩弹出，变成一个衣架。除此之外，包装上还配有额外的衣领撑。这款包装采用了最为简单的颜色和充满信息性的加粗图标，便于定位产品风格及客户群体。

设计师
Elizabeth Kelly, Jille Natalino, Rob Hurst, Erin Bishop, Joanna Milewski, Mary Durant

材质
再生纸

尺寸
241mm x 216mm x 95mm

完成时间
2013 年

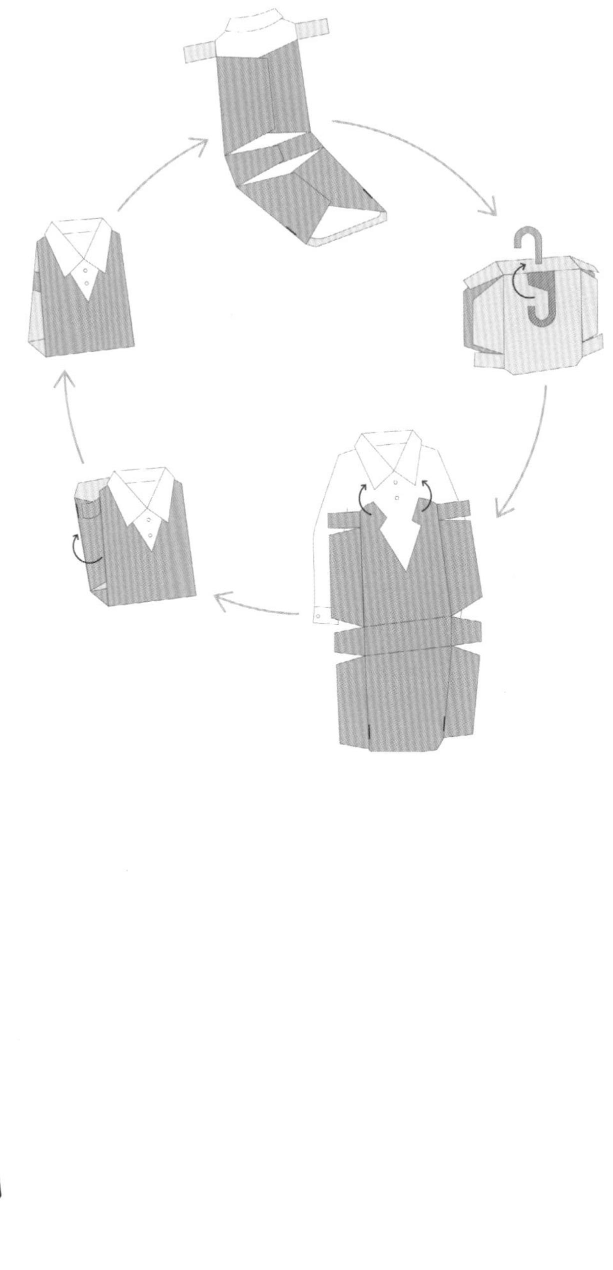

STANDARD

STANDARD
SHIRT CO.
fold
fold your shirt
collar
Insert

巴塞罗那足球俱乐部球衣包装-1

这是一款为巴塞罗那足球俱乐部 2013/2014 赛季的主场球衣设计的限量版包装盒。设计师将美纹纸与绚烂的黑金色冲压字体结合起来，传递出高雅、肃穆的整体设计理念。包装盒内附赠的书籍赋予包装设计以文学色彩，同时体现了包装盒的限量特点。设计师将包装盒放在巴塞罗那诺坎普官方专卖店的展示柜内进行展示。此外，设计师还在展示柜内安装了带有金色内层的黑色组合架，将包装盒摆放在组合架内，营造出一种图书馆式的美感。

委托方
America Nike

设计机构
Oxigen

设计师
Sònia Rodríguez Grau,
Astrid Ortiz

材质
卡纸

尺寸
255mm x 255mm

完成时间
2013 年

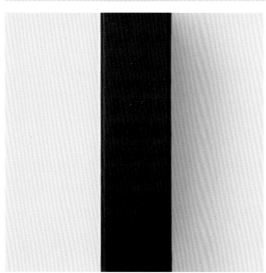

BARÇA

BARÇA
COLLECTION

高档手工服饰包装盒

Maria Linaris 是一位凭借现代方法和高水平审美素质设计针织服装和配饰产品的年轻时装设计师。产品商标设计结合了上述所有元素，同时赋予商标视觉签名效果。

这款包装可以让顾客感受到盒内衣物的纹理和质量，这也是 Luna 成衣经验的一部分。受产品商标的启发，包装盒采用了特别的模切线形状。整套包装有两个盒子：一个可以看见里面衣服的彩色透明盒子和套在外面的硬纸盒。设计师为包装盒选择了明亮、富有女性气质的色彩。

设计师
Adamantia Chatzivasileiou

材质
卡纸

尺寸
服装盒 /
300mm x 250mm x 57mm,
配饰盒 /
100mm x 82mm x 60mm,
包装袋 /
450mm x 350mm x 120mm

完成时间
2015 年

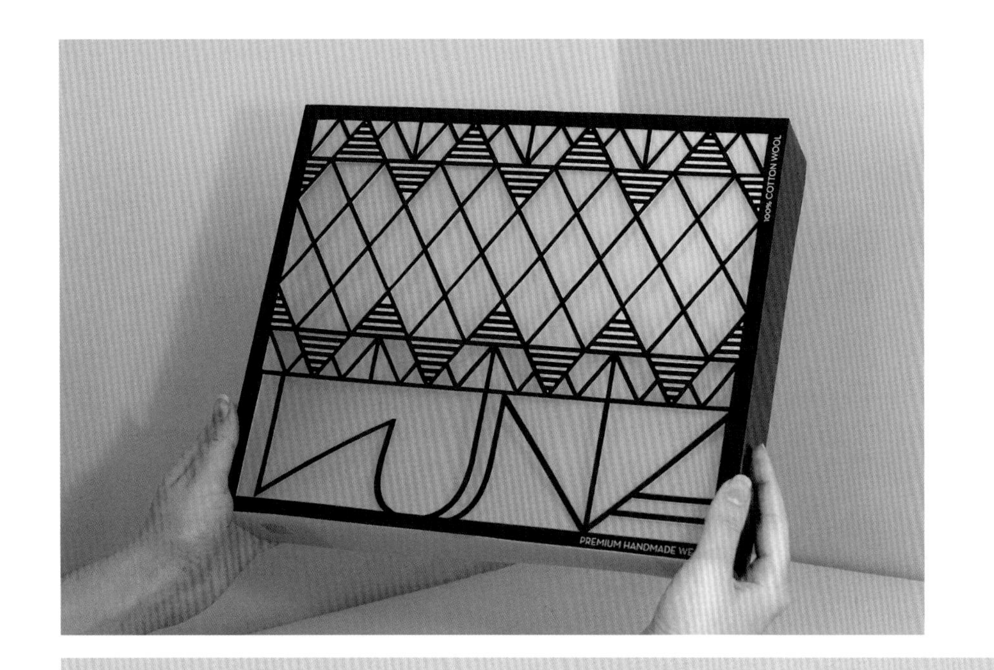

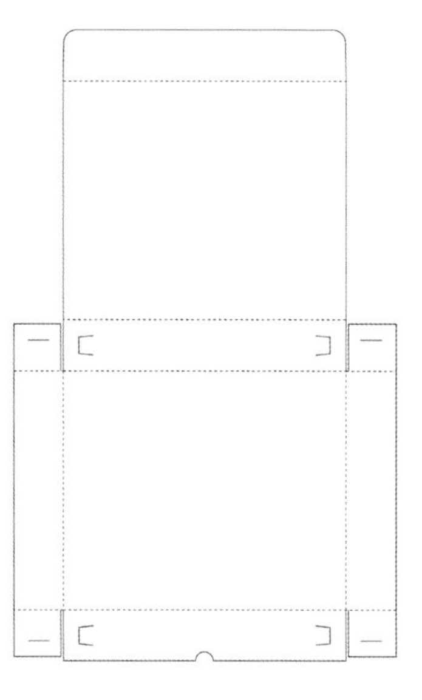

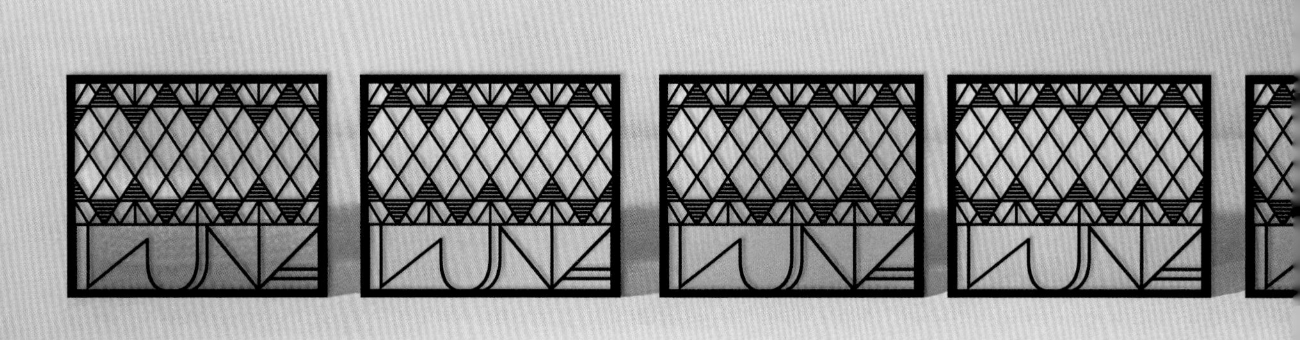

100%
COTTON
WOOL
PREMIUM HANDMADE WEAR

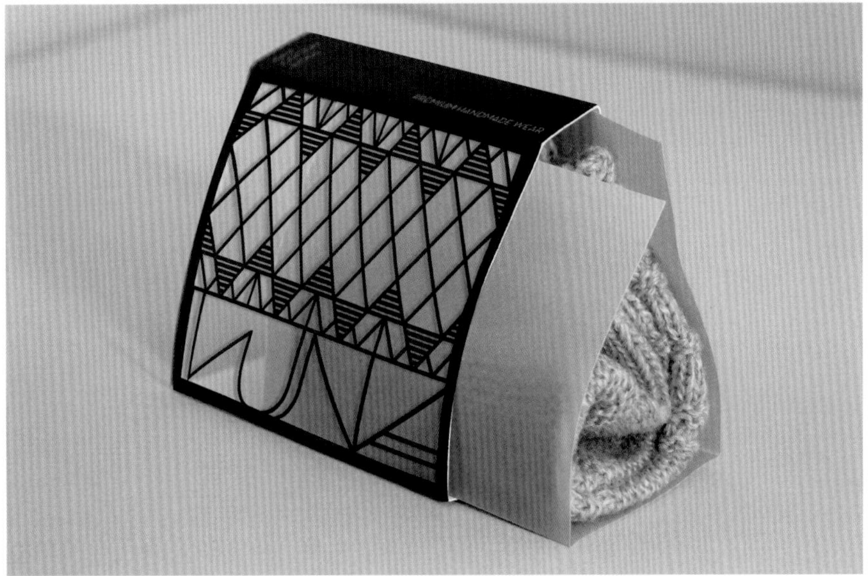

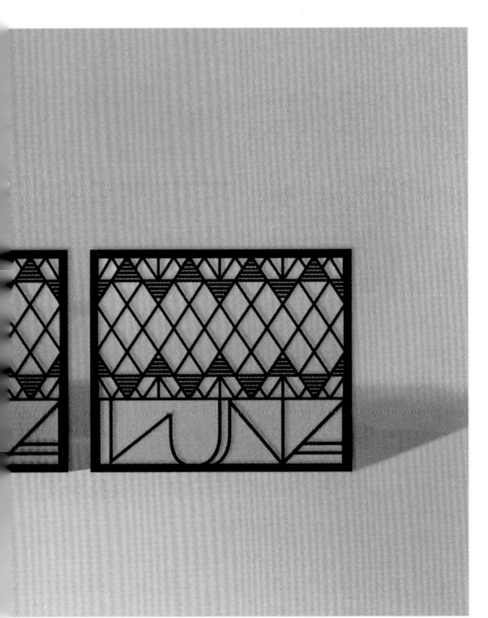

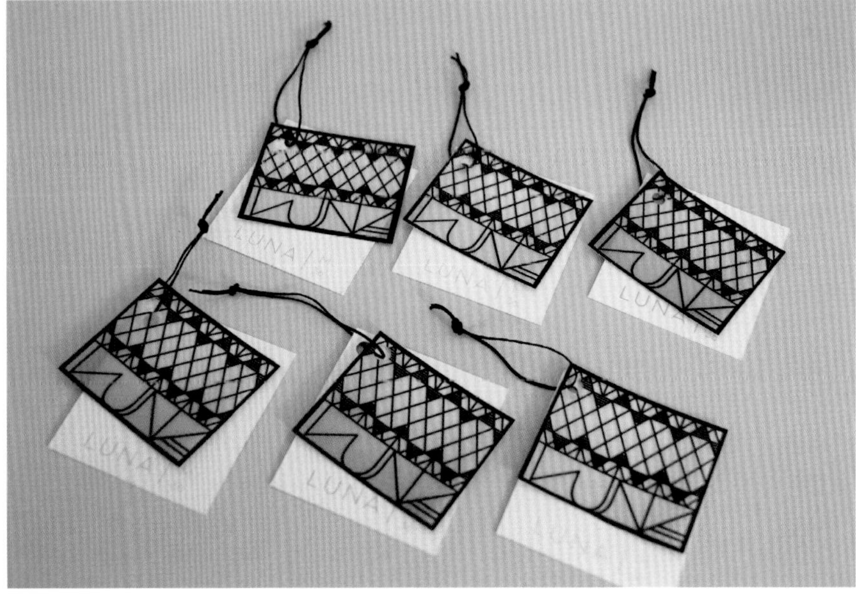

海报和 T 恤包装

该项目的难点在于制作一个可以同时容纳海报和 T 恤的多功能包装盒，一个包装，两种用途。三角形是最能节省空间的形状。委托方要求设计一款既坚固耐用又易于组装的包装盒，这给设计师带来了不小的挑战。包装盒采用单色印刷的粗糙纸板制成，包装盒的颜色为包装材料本身的颜色。包装盒上的图案以后可能会有所变化，目前的图案是仿照原木纹理绘制而成的。设计师最终设计出这一款多功能的包装盒，上面还带有一些可以传达品牌价值的细节元素。

委托方
Cono

合作者
Ovum（结构设计），
Noblanco（平面设计），
Carlos J Roldán（设计师）

材质
328 克非涂布纸

尺寸
90mm x 90mm x 270mm

完成时间
2012 年

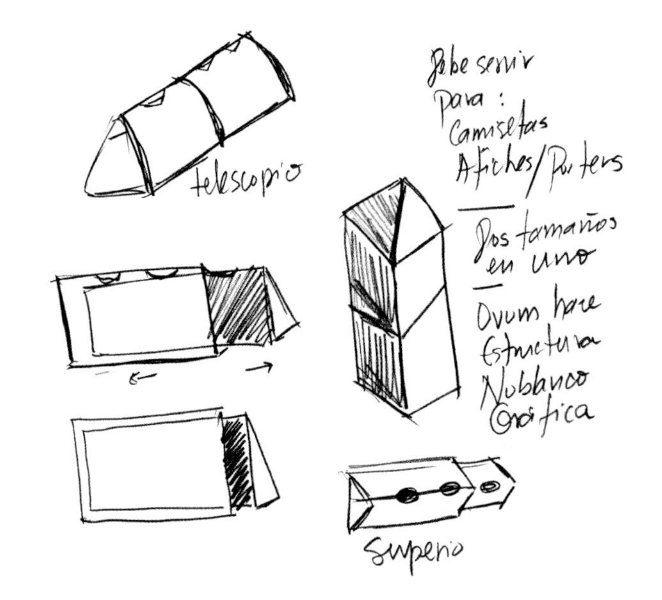

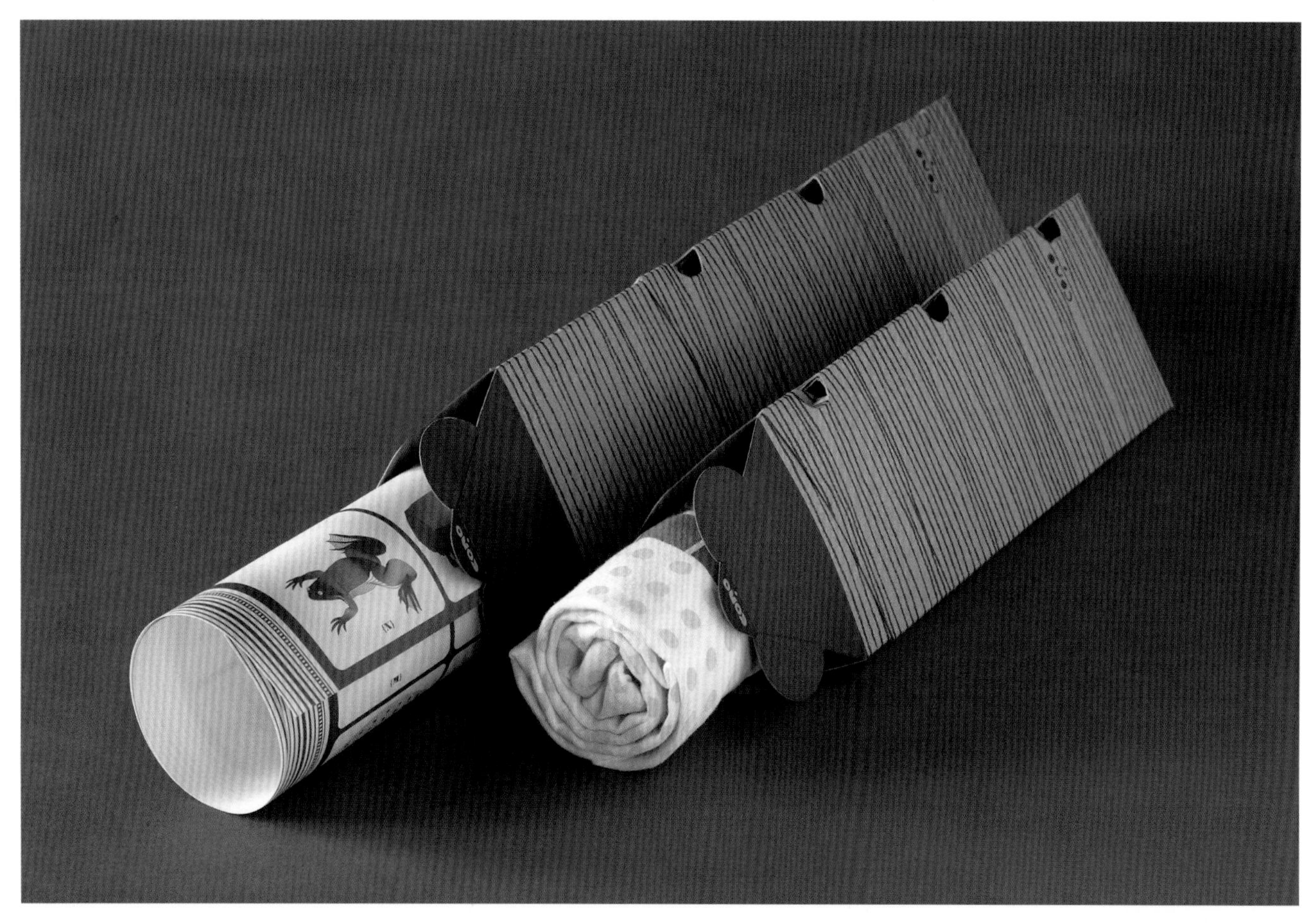

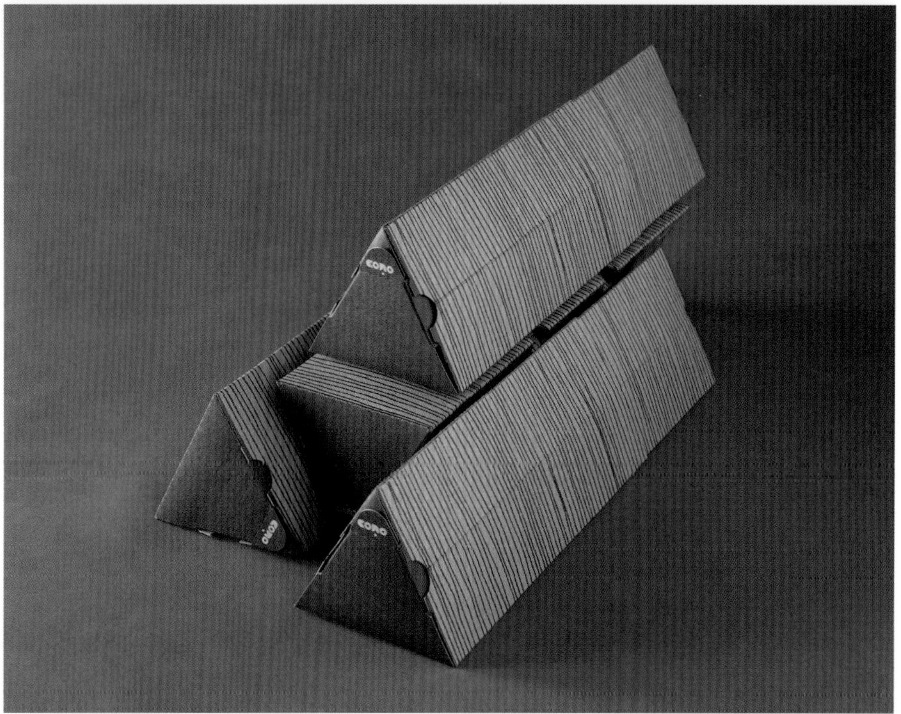

澳洲国家足球队客场球衣包装

这款包装是为澳洲国家足球队 2014 年世界杯客场球衣发布会所设计的。耐克客场球衣系列设计背后的品牌宣言是“搏上一切”，为消费者呈现出一个亦正亦邪的人物形象。设计师借助像素化处理，并结合丝网印刷体现出能量、色彩和态度的迸发，将品牌理念融入其中。设计师希望在人们打开盒子时，包装盒会为人们讲述一小段故事，让人们明白该以什么样的态度去面对客场比赛。

委托方
Nike

尺寸
430mm x 300mm x 40mm

设计机构
Marilyn & Sons

完成时间
2014 年

材质
纸板

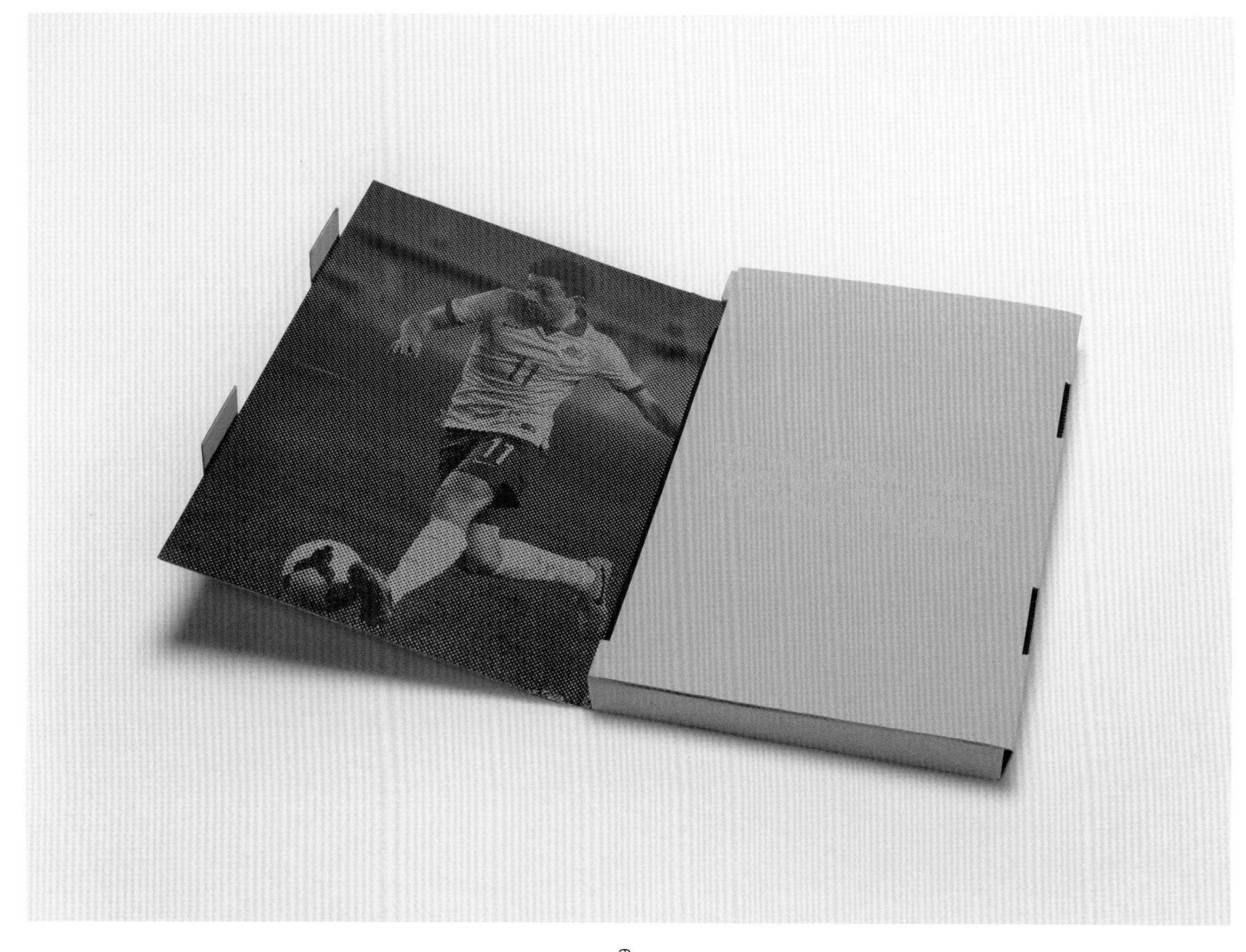

RISK
20
14
EVERYTHING

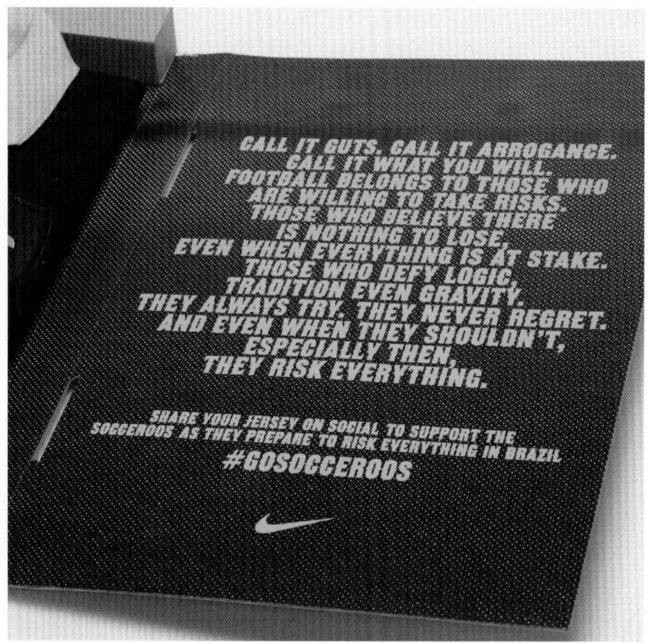
CALL IT GUTS. CALL IT ARROGANCE.
CALL IT WHAT YOU WILL.
FOOTBALL BELONGS TO THOSE WHO
ARE WILLING TO TAKE RISKS.
THOSE WHO BELIEVE THERE
IS NOTHING TO LOSE,
EVEN WHEN EVERYTHING IS AT STAKE.
THOSE WHO DEFY LOGIC,
TRADITION EVEN GRAVITY.
THEY ALWAYS TRY. THEY NEVER REGRET.
AND EVEN WHEN THEY SHOULDN'T,
ESPECIALLY THEN,
THEY RISK EVERYTHING.
SHARE YOUR JERSEY ON SOCIAL TO SUPPORT THE
SOCCEROOS AS THEY PREPARE TO RISK EVERYTHING IN BRAZIL
#GOSOCCEROOS

DRI-FIT
AUSTRALIA
CALL IT GUTS. CALL IT ARROGANCE.
CALL IT WHAT YOU WILL.
FOOTBALL BELONGS TO THOSE WHO
ARE WILLING TO TAKE RISKS.
THOSE WHO BELIEVE THERE
IS NOTHING TO LOSE,
EVEN WHEN EVERYTHING IS AT STAKE.
THOSE WHO DEFY LOGIC,
TRADITION EVEN GRAVITY.
THEY ALWAYS TRY. THEY NEVER REGRET.
AND EVEN WHEN THEY SHOULDN'T,
ESPECIALLY THEN,
THEY RISK EVERYTHING.
SHARE YOUR JERSEY ON SOCIAL TO SUPPORT THE
SOCCEROOS AS THEY PREPARE TO RISK EVERYTHING IN BRAZIL
#GOSOCCEROOS

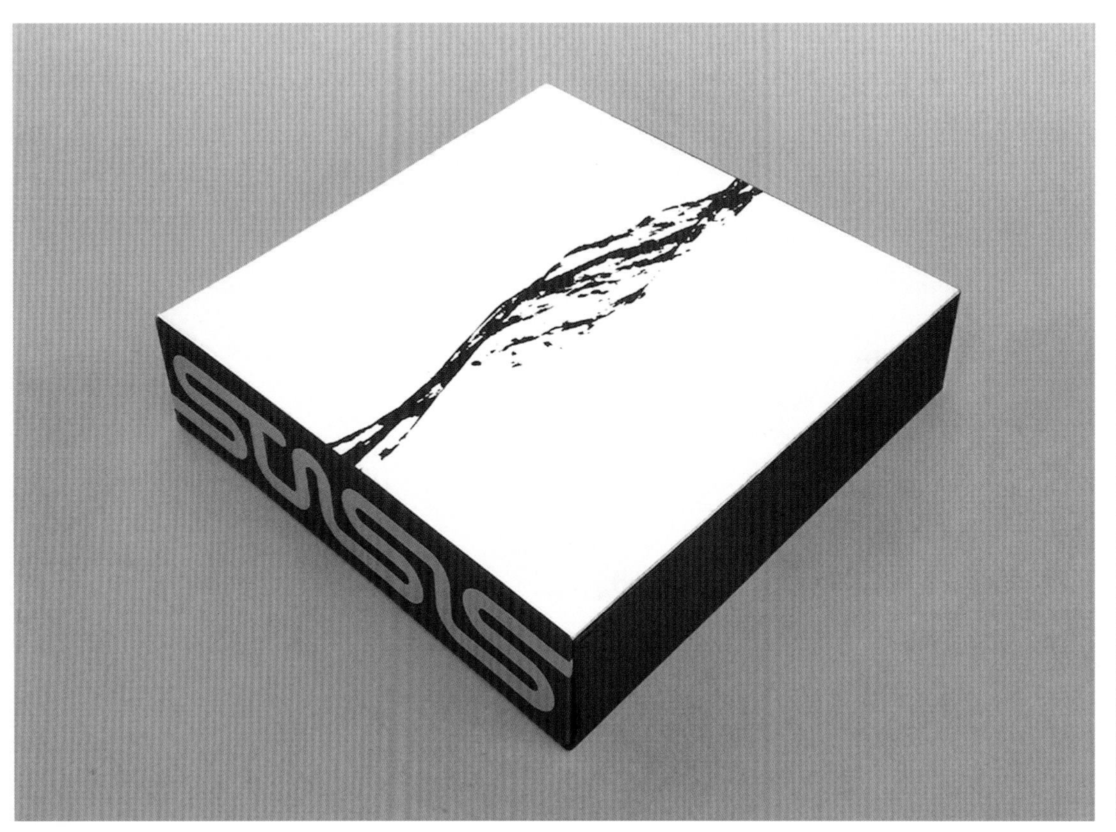

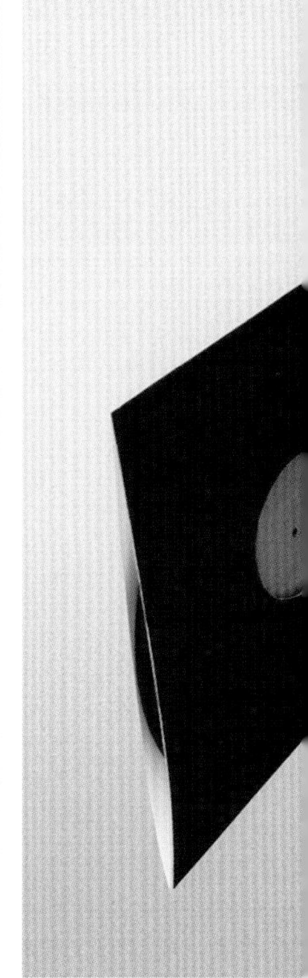

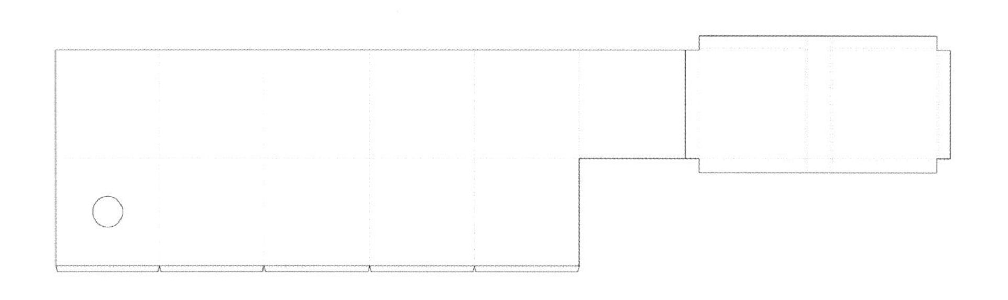

STASIS 包装设计

STASIS 是一场在冰岛首都雷克雅未克极夜里举办的 24 小时氛围音乐节。整个音乐节的品牌推广及相关设计的灵感都源于当地的地理位置和音乐风格。与其他类型的音乐相比，氛围音乐的声音低沉单调，有沉思冥想的感觉。STASIS 的品牌标识由六个抻长的字母交织而成，看上去好似氛围音乐家创作出的乐谱，以无限循环的方式向远处绵延。

包装盒的主色调为黑色，整体设计被一条汲取了北极光自然颜色的明亮渐变色带贯穿。包装盒上的纹理借鉴了北极冰岛的景观，这个用来装饰包装的纹理是用木炭摩擦而成。

设计师	尺寸
Kelvin Kottke	337mm x 337mm x 76mm
材质	完成时间
纸板	2014 年

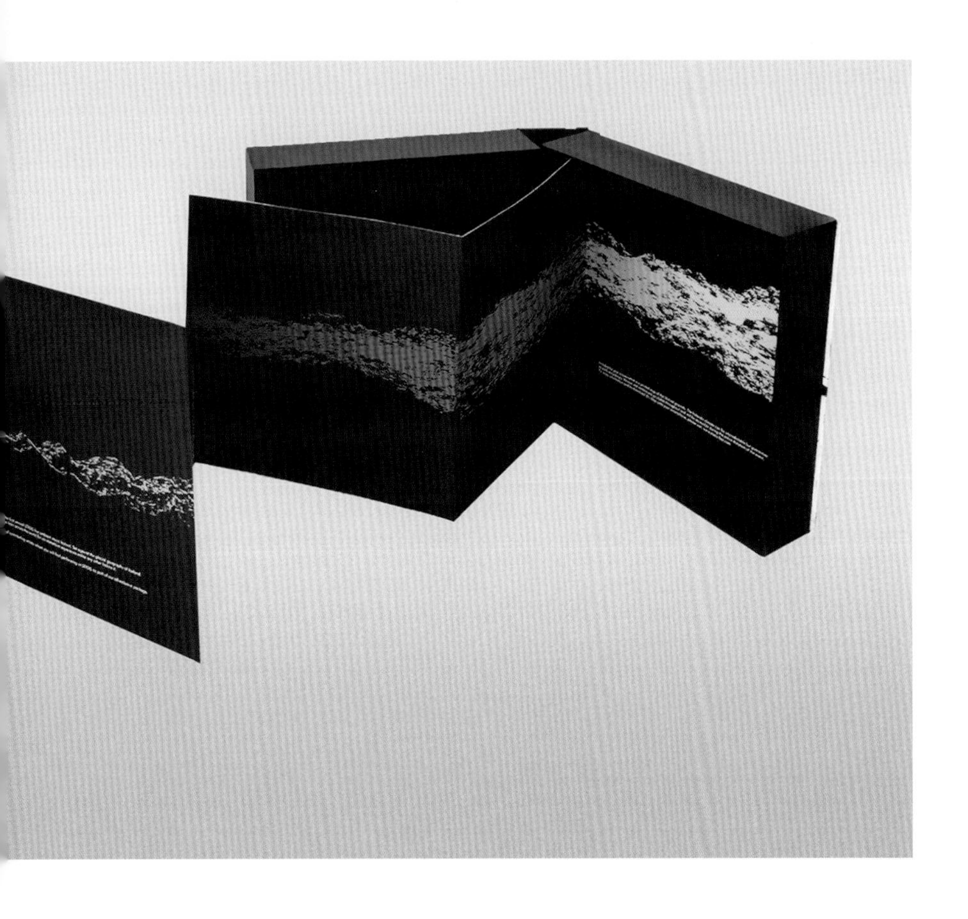

stasis
live ambient music festival

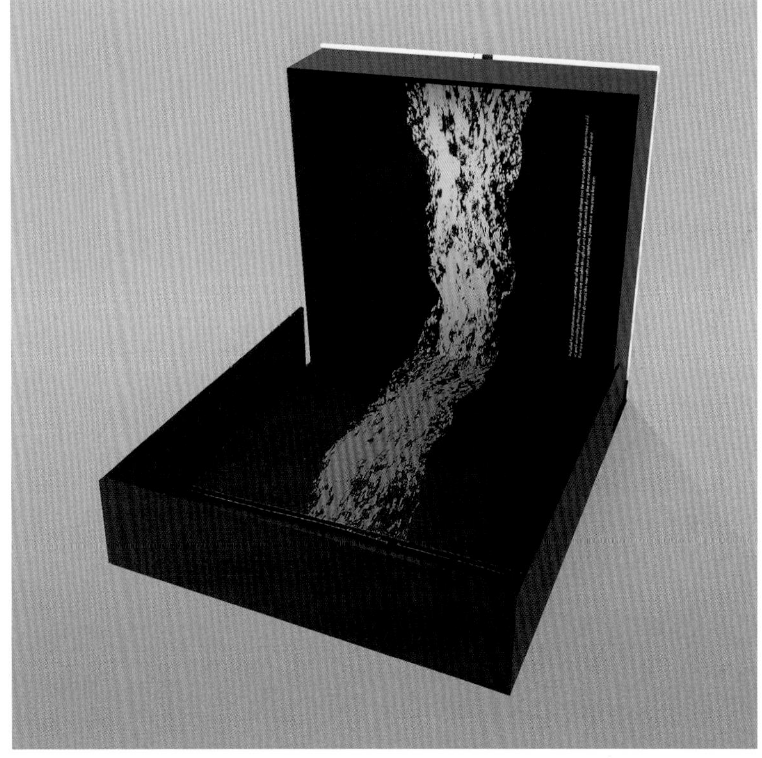

耐克包装 2015

耐克职业球员养成计划旨在全球范围内发掘 16-21 岁的优秀业余足球运动员。获胜者将有机会进入位于英格兰国家队驻地圣乔治公园的耐克足球学院接受精英训练，提高自己的足球技能。在上一年度莫斯科开展的训练活动中，举办方奖励给每位参加者一款特别的盒子。当时，设计师决定使用明亮的对比色让包装盒呈现出青春活力的感觉，因为这项活动主要面向青少年球员群体。字体设计方面，设计师采用加粗字体，向活动标识致敬的同时强调这次活动在参与者心中的重要性。设计师希望设计一些能够给打开盒子的人们留下深刻印象的东西，于是在盒子里放一块小型足球场，向拿着盒子的人们传达这样的信息：一切尽在手中。

委托方	材质
Nike	纸板、人造草坪
设计机构	尺寸
FRprint Agency	550mm x 350mm x 80mm
设计师	完成时间
Nikita Rebrikov	2015 年

NIKE.COM/FOOTBALL

MOST
2015
WANTED
ИГРА СМЕЛЫХ
ТУЛУШЕВ
10
NIKE.COM/FOOTBALL
DRI-FIT
10

2015
ЗАЙМИ СВОЕ МЕСТО
СРЕДИ ЛУЧШИХ

2015

海象 T 恤包装

设计师们希望设计一款特别的 T 恤包装，于是便开始制作这个三角形式样的包装盒。这个品牌倡导简单、有趣、时尚的理念，所以设计师们也将这一理念融入到海象的插画和字体的排版设计中。这款包装盒适用于柔软的棉质 T 恤，方便顾客购买和携带，拿着这款包装盒走在街上，就如同与海象一起在沙滩漫步那样轻松惬意。

委托方
Stroll with the Walrus

尺寸
80mm x 100mm x 70mm

设计机构
Zlapdash Studio

完成时间
2015 年

材质
纸板

智能健身衣包装

Athos 智能健身衣将表面肌电图技术运动到服装设计中，可以显示实时生理数据，帮助使用者提升锻炼效果。设计公司借助定制细节、醒目图形和短讯功能为 Athos 设计了这款包装。打开光滑的磨砂黑外盒便可看到两个组成部分：一个装有核心产品的压缩式礼盒和一个操作装置。健身衣装在一个柔软的塑料袋内。核心部分与位于下方的充电器相连，为包装提供功能性的保护作用。打开包装外盒便可看到里面光滑的磨砂黑色小袋，上面印有白色的 Athos 标志。这款包装与 Athos 的服饰产品一样在市场中处于前沿地位。

委托方
Athos

设计机构
Uneka

设计师
Steven Shainwald,
Nathan Nickel

材质
EVA 泡沫、瓦楞纸、聚丙烯袋

尺寸
塑料套 /
360mm x 240mm,
包装盒 /
450mm x 275mm x 65mm

完成时间
2015 年

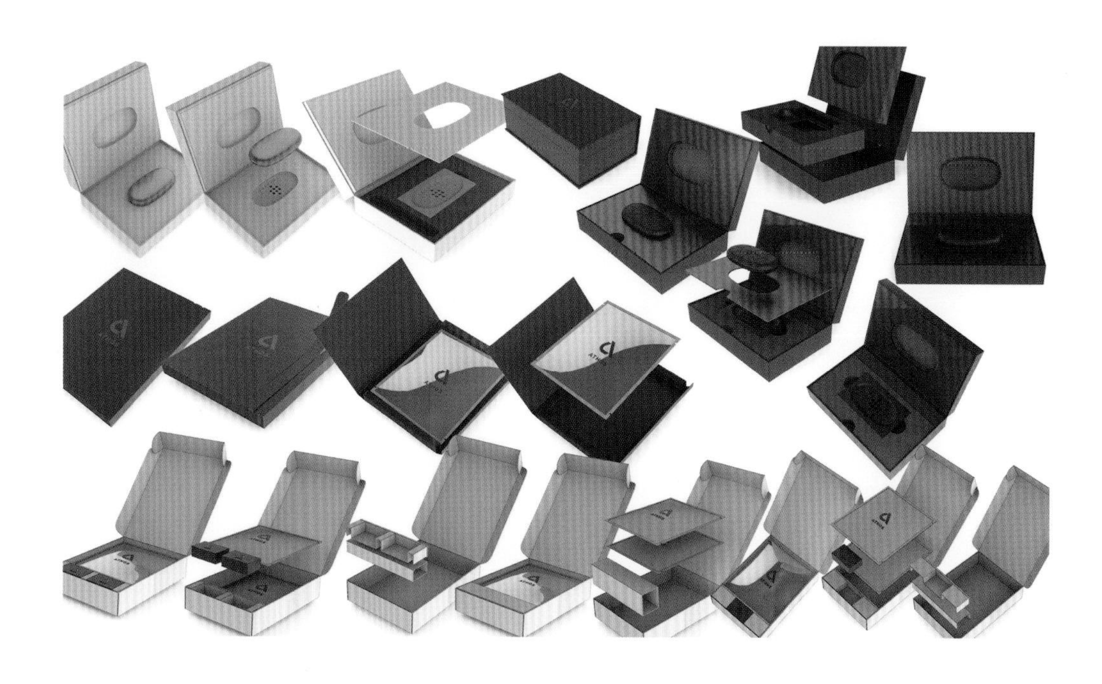

ATHOS

梭织衬衫包装

这款将在全球零售店内展出的概念性包装是对 ourCaste 梭织衬衫传统包装的重新思考。包装盒上的图案与盒内梭织衬衫的图案一致，可以起到吸引消费者注意力的作用，提示消费者这是一款衬衫的包装。这款包装结构的设计简单而现代，这与 ourCaste 的品牌美学和品牌基因很是相像。圆筒型的结构轻便、整洁，出门旅行时，使用者可以将衬衫叠好后卷入包装盒内。

委托方
ourCaste

设计师
Sterling Foxcroft

材质
软木

尺寸
330mm x 89mm

完成时间
2013 年

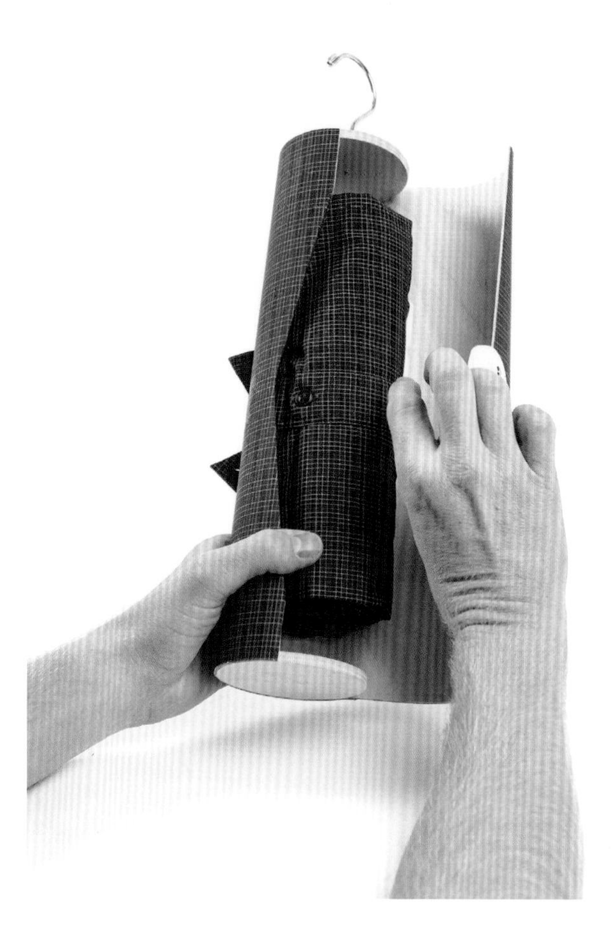

OURCASTE

迈乐 T 恤包装

这款 T 恤包装盒是一个简单的多面结构，包装盒的设计利用锐角几何分隔。包装盒的每个侧面都绘有地形图，其中涵盖了加利福尼亚州各地的特色地貌景观，好似开启了一场奇特的冒险之旅。设计师在包装盒的顶部设计了一个方便使用者挂取的竖钩。包装设计强调冒险快感的同时完整地保留了迈乐原有的亮橙色，并利用多维化的设计策略展开了一次真正的产品创新尝试。

委托方
Merrell

设计师
Shaily Shah

材质
美纹纸

尺寸
248mm x 140mm

完成时间
2014 年

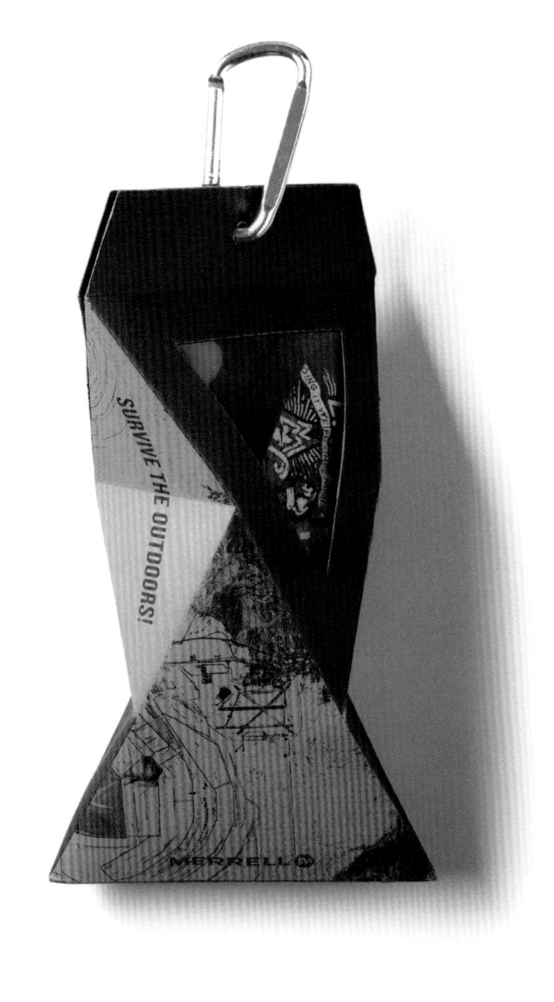

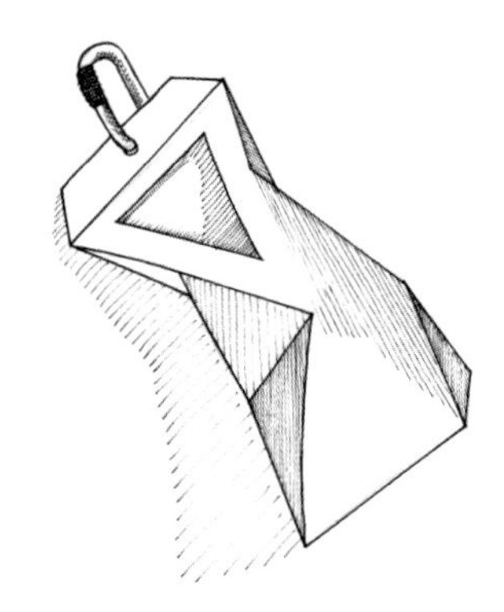

SURVIVE THE OUTDOORS!
MERRELL

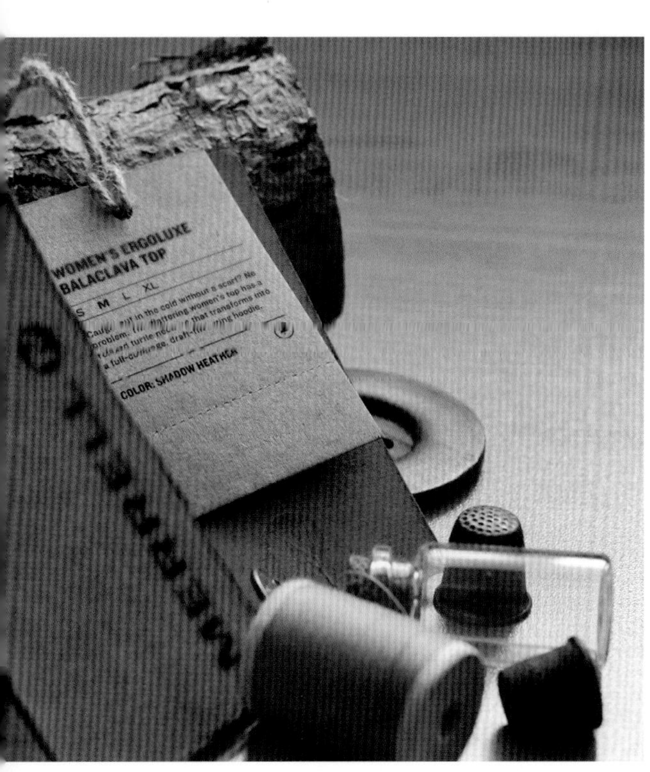
WOMEN'S ERGOLUXE
BALACLAVA TOP
S M L XL
COLOR: SHADOW HEATHER
MERRELL

Aromode 包装设计

高端消费者有很高的时尚敏感度。当然，他们也需要一些实用、健康的产品。因此，设计师制作了这款夹克衫形状的多功能包装。人们可以将衬衫装在包装袋内，而将衬衫领露在外面。在这一项目中，设计师在包装袋表面设计了色彩柔和的香草图案，并配以代表香气的图案加以点缀，给使用者一种产品材料取自大自然的感觉。被有机草本植物环绕的波浪形文字和四溢的芳香气味有助于减轻消费者压力，给他们带来满足感。

设计师	尺寸
Kim Ji-Hwan	255mm x 185mm x 90mm
材质	完成时间
195 克哑光铜版纸	2015 年

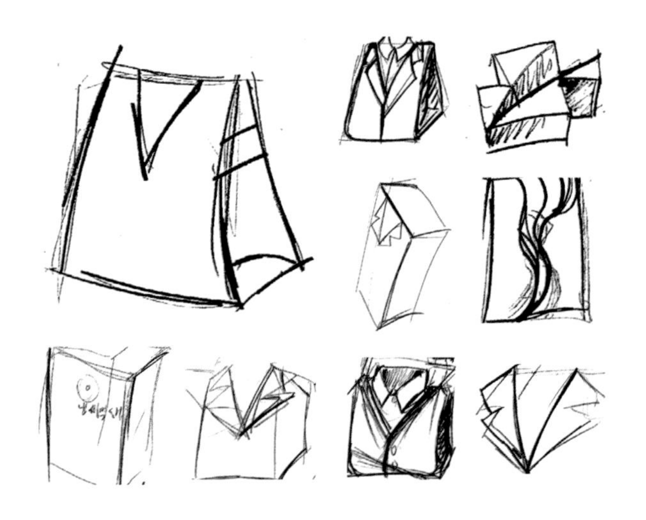

aroma therapy wear
Aromode
Rosemary / Slim fit / Oxford / Classic

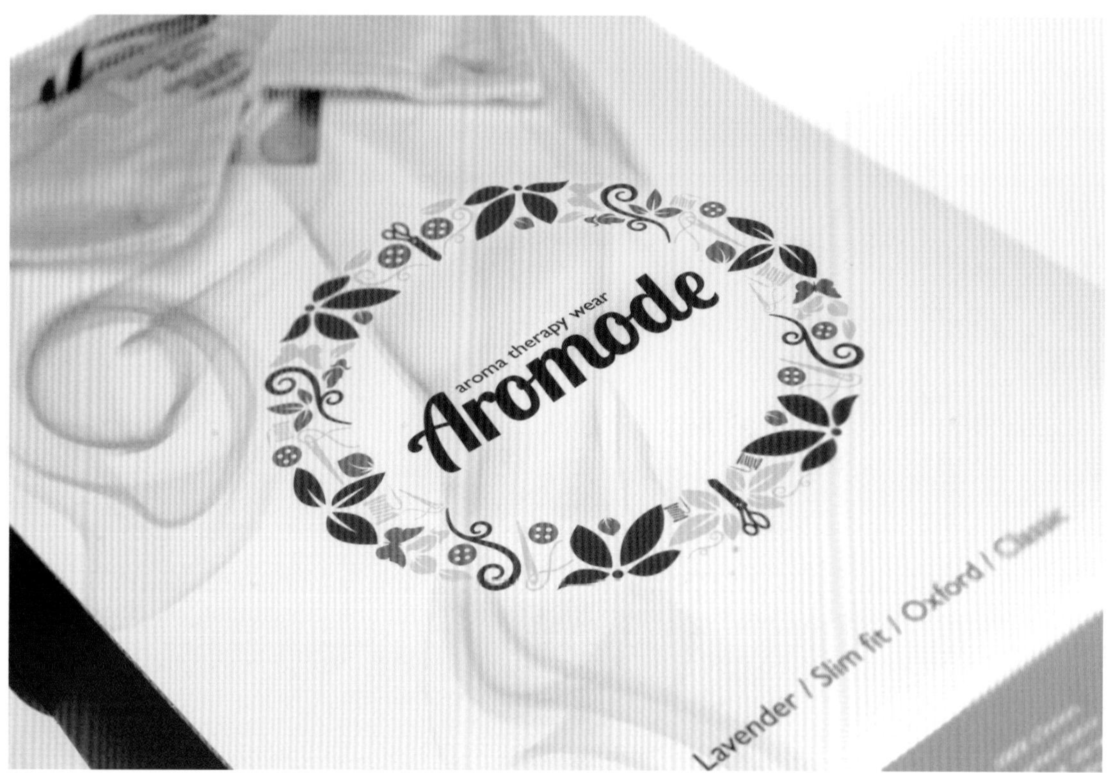
aroma therapy wear
Aromode
Lavender / Slim fit / Oxford / Classic

Active T 恤包装

Active T 恤是面向那些喜欢户外活动的青少年而设计的。这项包装设计的目的是让携带变得更加方便。亮灰色和亮黄色的包装可以营造快乐的心情、展现年轻人的精神风貌。包装上的无衬线字体给人一种亲切时尚的感觉。斜开口的设计更是为整个包装增添了动态与活力。外包装材料采用的是环保、可重复使用的布料。

委托方
Active

尺寸
200mm x 70mm x 70mm

设计师
Harianto Chen

完成时间
2013 年

材质
210 克铜版纸

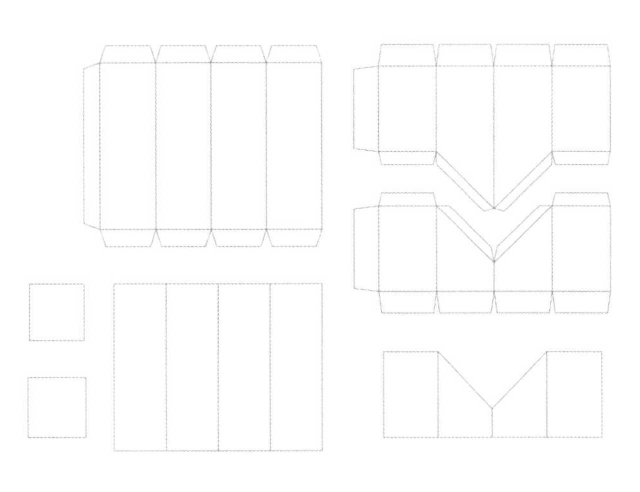

Active
CLOTHING

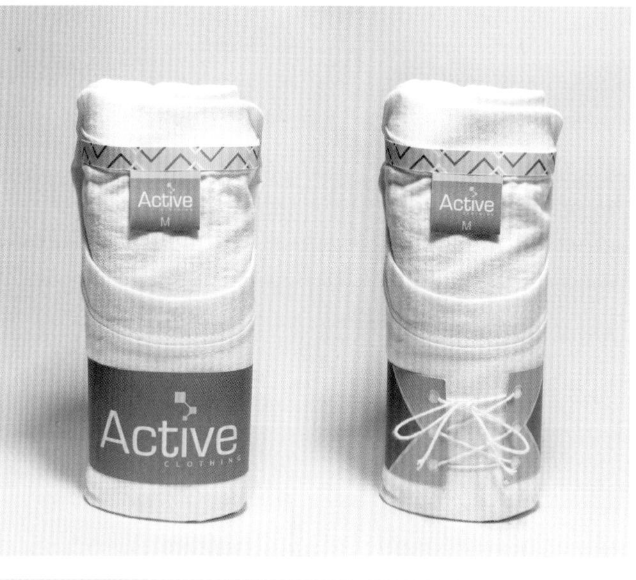
Active
M
Active
CLOTHING

Active
CLOTHING
Made in Indonesia
www.active.con

BarbozaT 恤包装

这款 T 恤的包装上印有一个看似杠铃片的图案和“塑造自己”的广告语，从上述设计中，我们可以看出这款 T 恤是为那些运动员而设计的。整个包装看起来简单、整洁，没有过多的装饰和图案，多边形的包装结构更是让这款包装变得与众不同。用可持续材料制成的包装完全可以回收利用。设计师用水性涂料将文字印在 T 恤包装上，而胶水是用马铃薯淀粉制成的。纯植物材料制成的健康环保包装取代了先前的 PVC 包装袋，同时也让设计师找到了一种处理废纸的可持续方式。

委托方
Barboza

尺寸
550mm x 550mm

设计师
Maksim Arbuzov

完成时间
2015 年

材质
纸板

BAR
25
KG
BUILD YOURSELF
www.barbozasport.com

BARBOZA
Conquer Bc
Black/White
Fitness Shirt
L
Conquer Bc
Black/Gold
Fitness Shirt
XXL
Conquer BC
Black/Coral
Fitness Shirt
XL

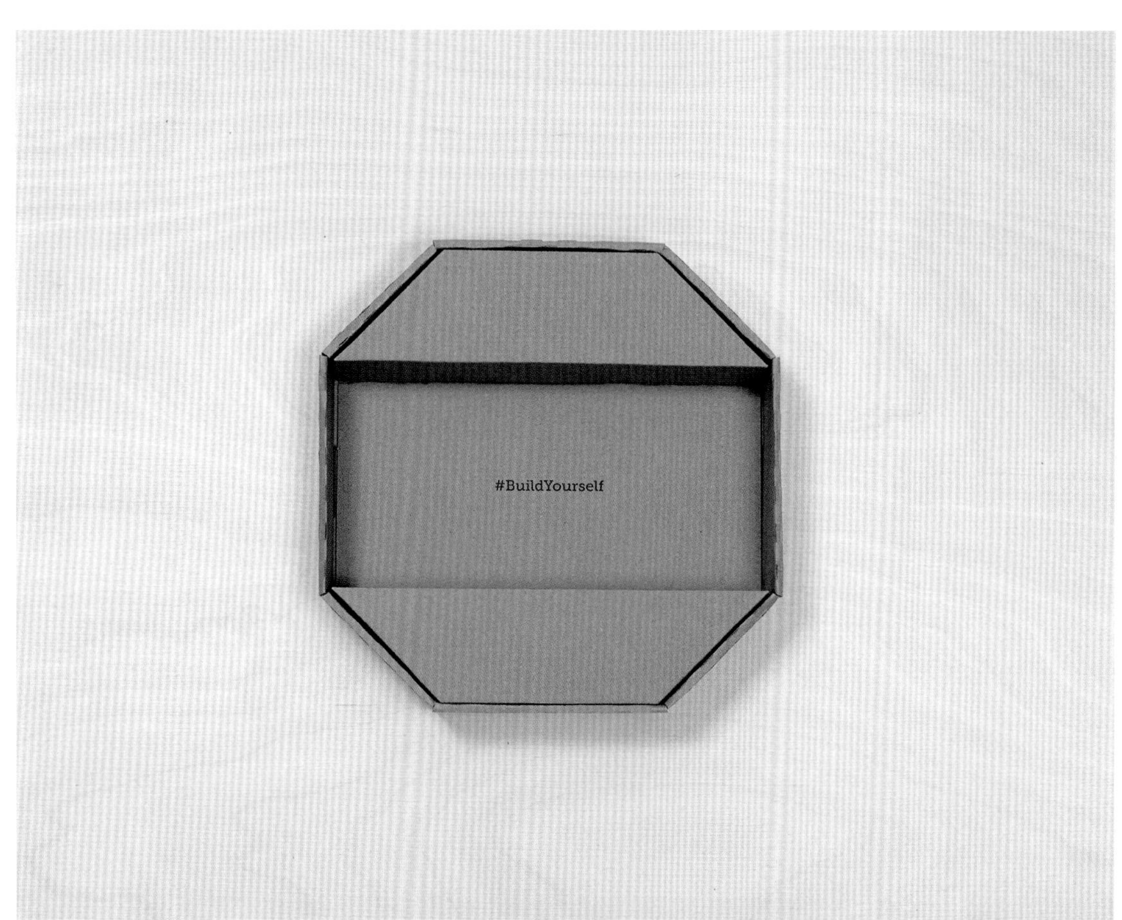
#BuildYourself

BARBOZA
SIEGER SUCHEN WEGE,
VERLIERER SUCHEN GRÜNDE
BUILD YOURSELF
MADE ON EARTH
BARBOZA ist überirdisch, dennoch produzieren wir auf Planet Erde. Da wir das auch noch in Zukunft vorhaben, nutzen wir klimaneutralen Versand und produzieren unsere Verpackungen aus besonders nachhaltigen Materialien.
DEINE ERFAHRUNG
Wir fertigen unsere Artikel für dich, den Athleten im Gym. Wie dein Training, ist Produktentwicklung dabei ein stetiger Prozess und wir sind sehr an deinen Erfahrungen mit BARBOZA interessiert. Erzähl uns deine Story.
HINTERLASSE UNS DEIN FEEDBACK
www.barbozasport.com
www.barbozasport.com
BARBOZA

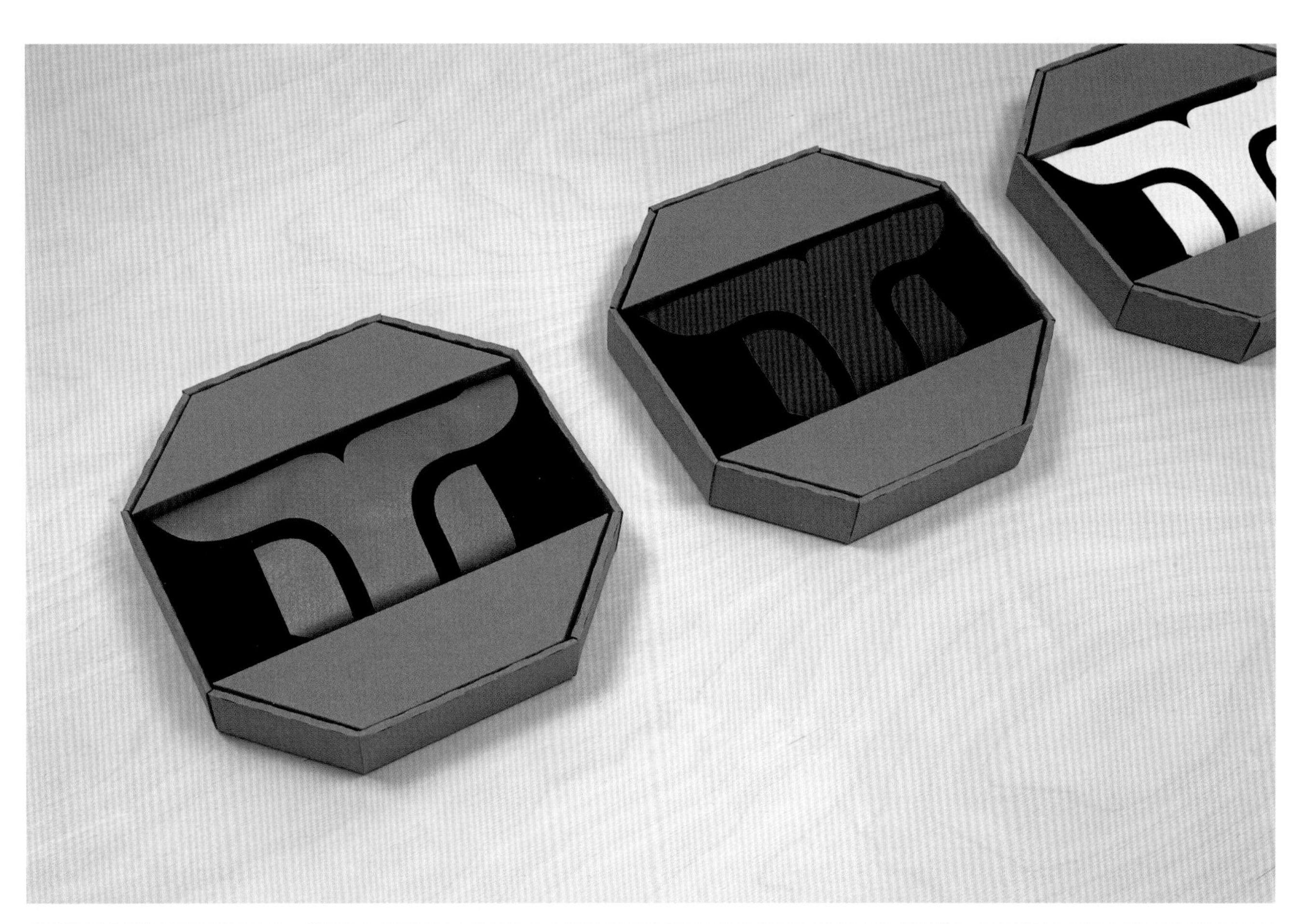

BARBOZA
25
KG

巴塞罗那足球俱乐部
球衣包装－2

这是一款为巴塞罗那足球俱乐部 2014/2015 赛季的主场球衣设计的限量版包装盒，其设计理念旨在通过消费者与包装盒之间的互动来传递足球俱乐部的核心价值。这款包装盒的设计灵感来源于俱乐部的口号“赢得胜利”。设计师希望消费者在拿到包装盒的瞬间，让他们感觉自己赢得了胜利，进而彰显出限量版包装盒的独特魅力。设计师借助高端纸张和金属蓝色油墨（巴塞罗那足球俱乐部的主色）将设计理念转化成出色的实体包装盒。制作完成后，这款包装盒便开始在西班牙、美国和日本的官方专卖店上出售。

委托方
America Nike

设计机构
Oxigen

设计师
Sònia Rodríguez Grau, Carlos Pérez

材质
300 克卡纸、聚酯层压材料

尺寸
270mm x 310mm

完成时间
2014 年

BARÇA

THE 2014/15
FC BARCELONA
HOME JERSEY

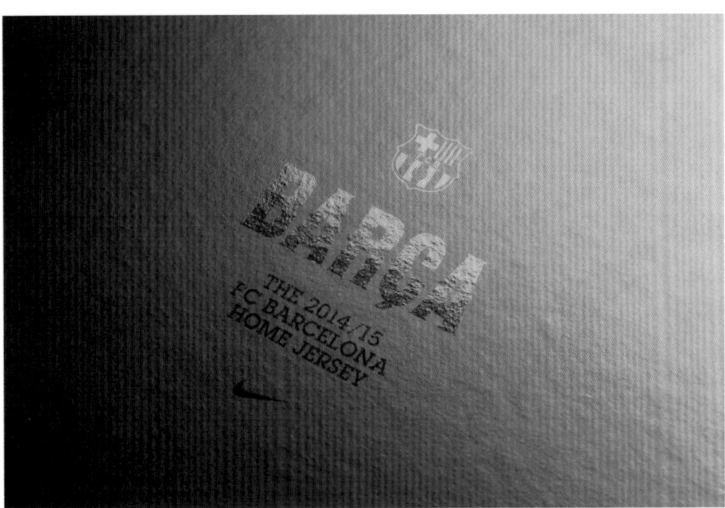
BARÇA
THE 2014/15
FC BARCELONA
HOME JERSEY

1899
DRI-FIT
FCB
THE 2014/15
FC BARCELONA
HOME JERSEY
BARÇA
THE 2014/15
FC BARCELONA
HOME JERSEY

Footwear Packaging

鞋履篇

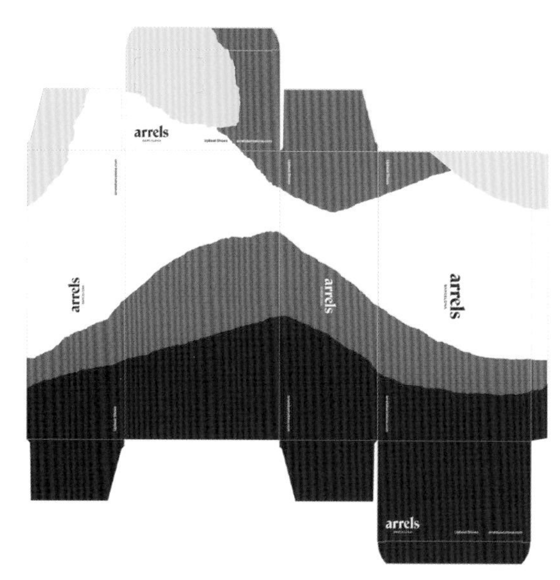

Arrels 包装设计

Arrels 在英语中意为“根”。Arrels 是巴塞罗那的一个面向都市市场的鞋类品牌。为该品牌打造包装产品意味着在都市款式与乡村风格之间、手工制作与批量生产之间找寻恰当的平衡。这种双重性具体体现在品牌标识的两种色彩和鞋子与鞋盒的图案上——这种设计理念也被应用在宣传册的设计上。包装盒图案的设计旨在传达着这样的理念：如果将覆盖城市景观的所有混凝土层撕去，人们便会看到地球的原始天然表面。

委托方
Arrels Barcelona

设计机构
Hey Studio

材质
卡纸

尺寸
336mm x 183mm x 118mm

完成时间
2015 年

arrels
BARCELONA
arrels
BARCELONA

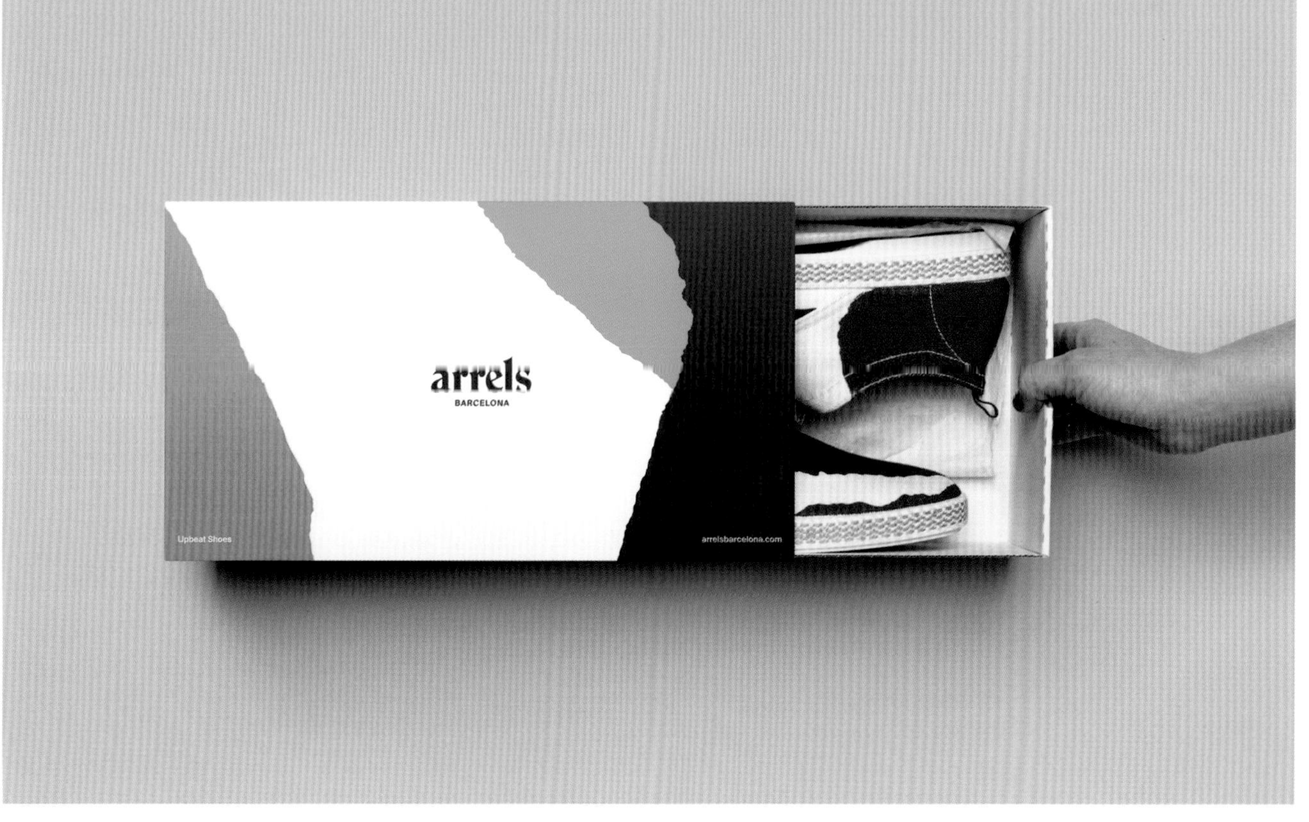
arrels
BARCELONA
Upbeat Shoes
arrelsbarcelona.com

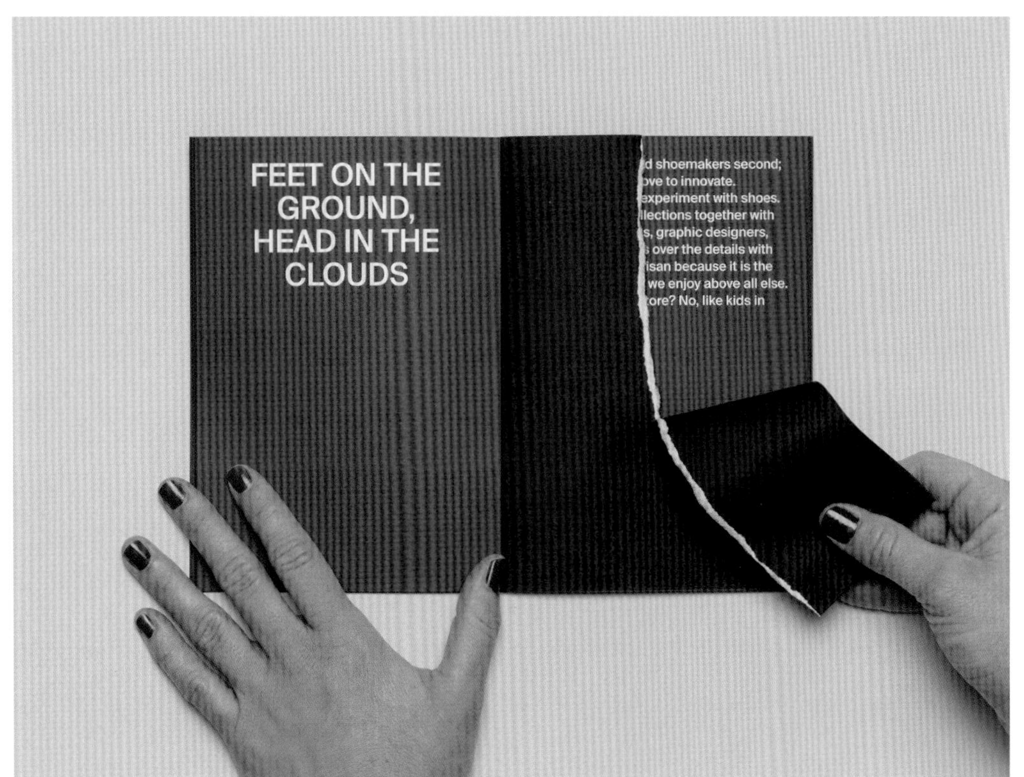
FEET ON THE
GROUND,
HEAD IN THE
CLOUDS

MADE OF
BARCELONA
arrels
BARCELONA

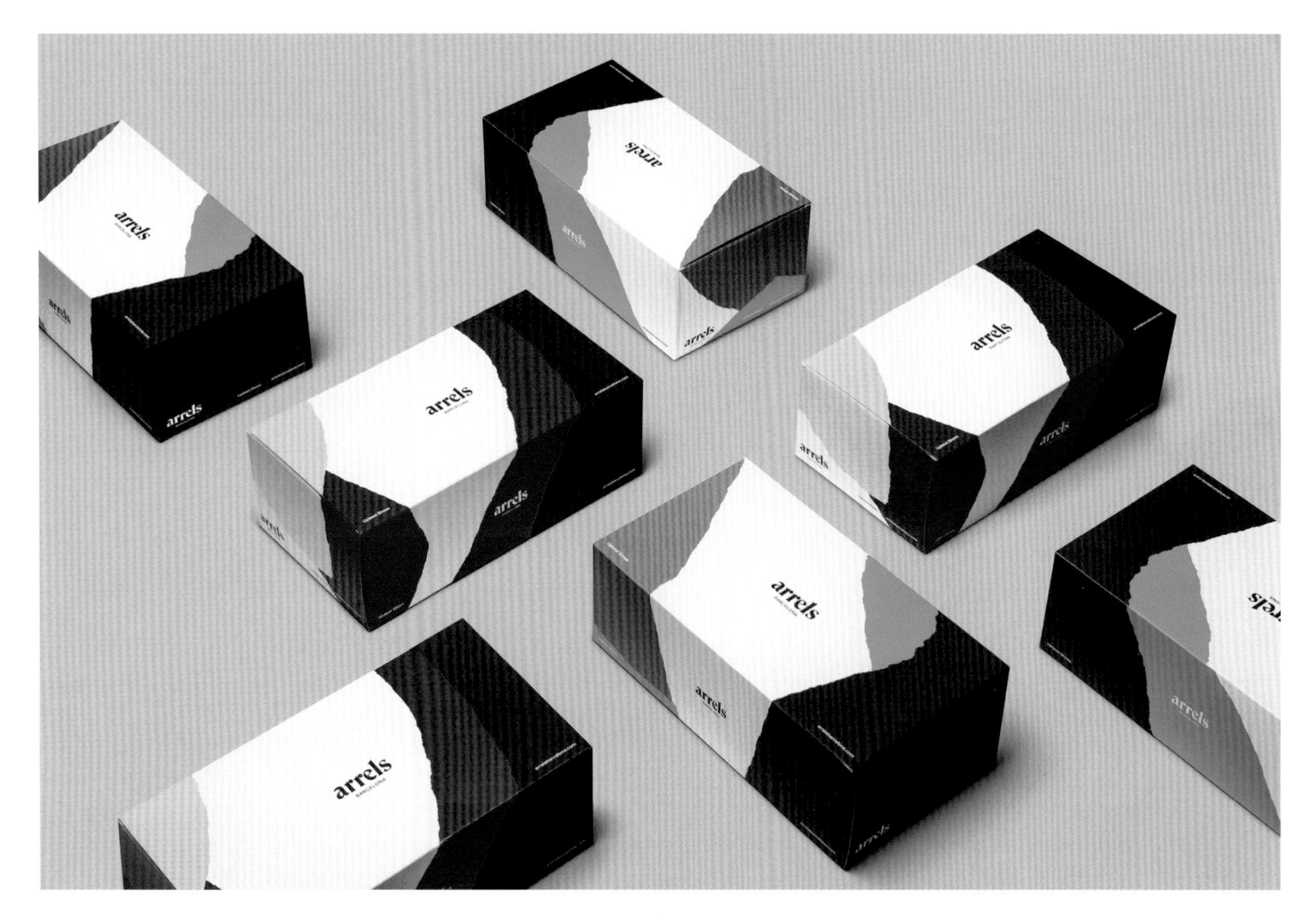
arrels

HUMAN
arrels
BARCELONA

arrels
BARCELONA

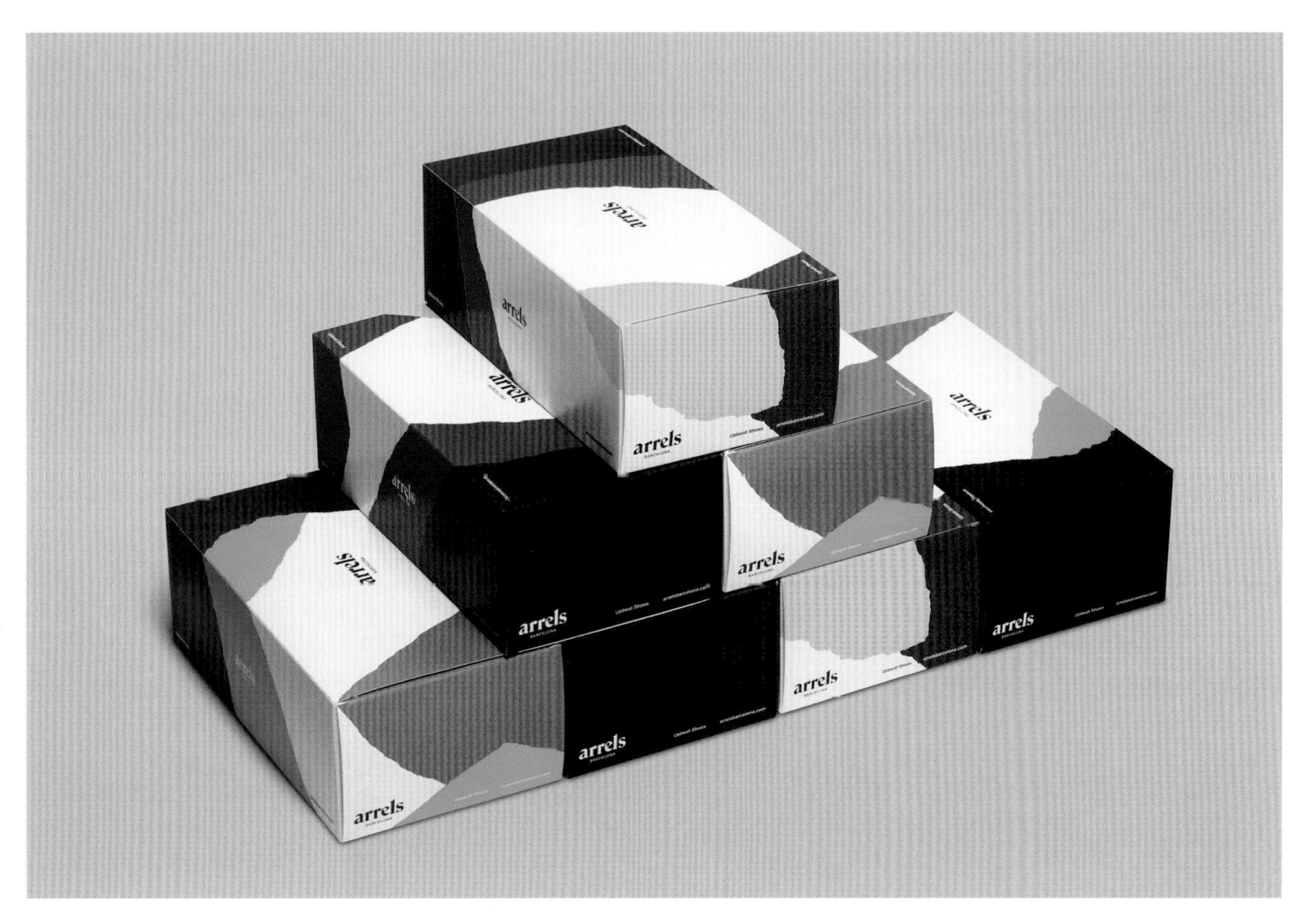
arrels
arrels
arrels
arrels
arrels
arrels
arrels
arrels

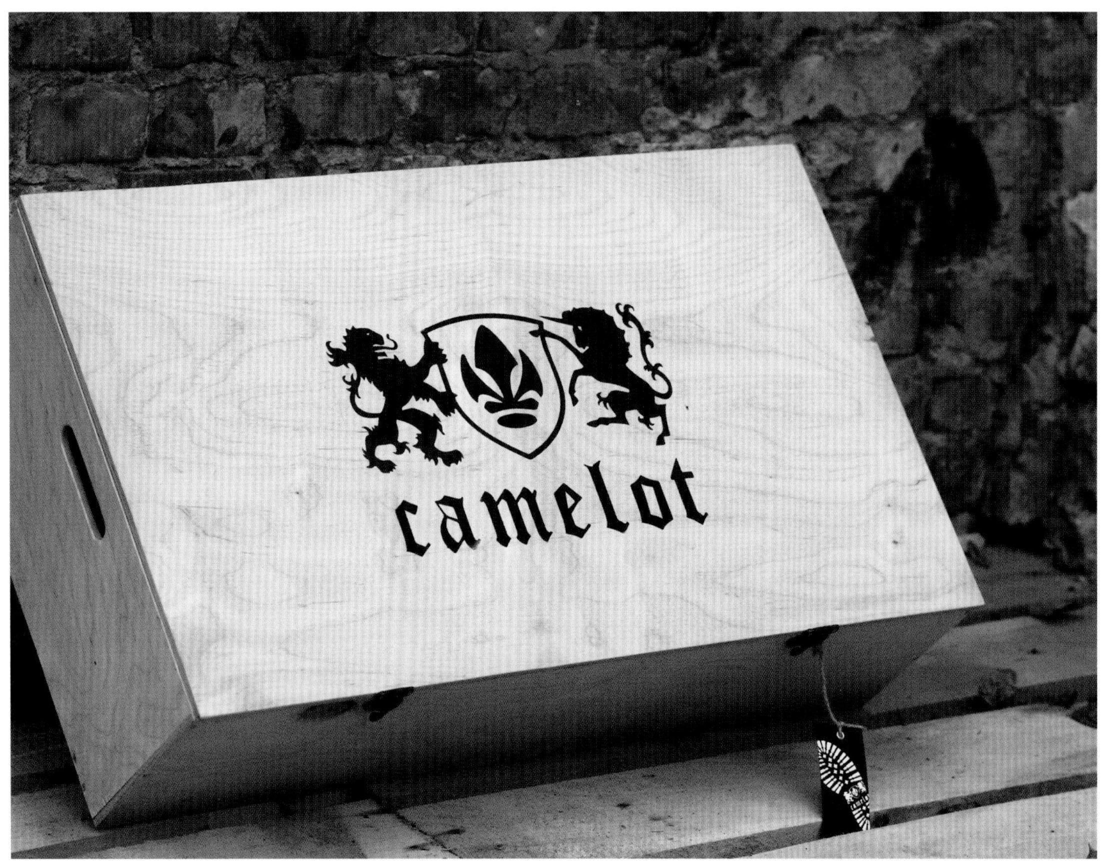

Camelot 包装设计

Camelot 品牌包装系列的设计理念立足于商品在市场中占有的独特地位。这款包装系列的主要任务是向消费者传达品牌精神、叛逆性的品牌形象和永葆青春与活力的品牌文化。

外观包装的设计理念建立在生产贵宾系列服装及配饰的想法之上，品牌商会在服装展示会上售出少量的贵宾系列服装和配饰，之后在一些指定商店出售。这款包装系列看上去像一个可以存放多种不同物品的盒子。一套完整的包装由以下几个部分组成：一个 Camelot 靴子包装、一个皮夹克包装、三个配饰（一个手镯、一条皮带和一副手套）包装和一个朗姆酒瓶包装。所有包装均采用三毫米厚的纸板加工而成，这种纸板材料似乎更适用于制作厚重服饰商品的包装。

委托方
Camelot

设计师
Anastasia Akimova

材质
木料、纸板

尺寸
820mm x 470mm x 200mm

完成时间
2014 年

ОСТАВЬ
СВОЙ
СЛЕД!

ОСТАВЬ
СВОЙ
СЛЕД!

ОСТАВЬ
СВОЙ
СЛЕД!

ОСТАВЬ
СВОЙ

ОСТАВЬ
СВОЙ
СЛЕД!
camelot

ОСТАВЬ
СВОЙ
BACARDI
BLACK
ROCK

ОСТАВЬ
СВОЙ
СЛЕД!
camelot

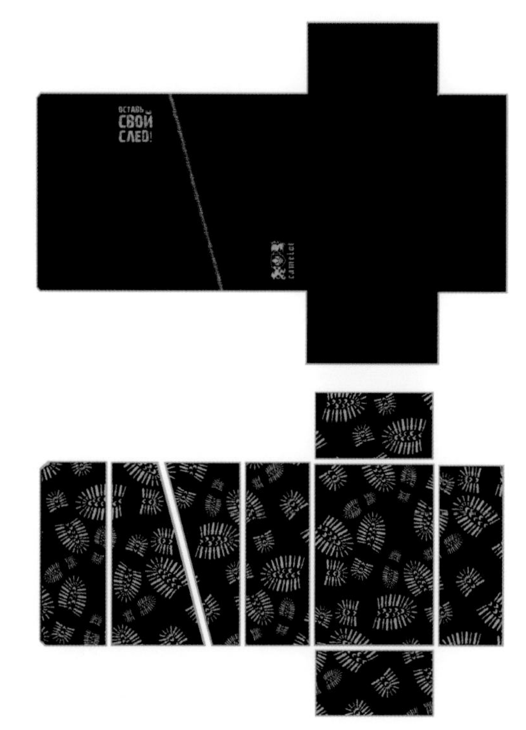
СВОЙ
СЛЕД!

FUTBOX 包装设计

由于鞋子的尺码不同，普通的鞋盒通常会有不同的尺寸。FUTBOX 为了解决这一问题，设计了一款可调节大小的鞋盒。这款鞋盒有多种打开方式且便于携带。竖立摆放状态可以更好地展现鞋盒内的商品；而水平摆放状态更利于店内商品存放。鞋盒的大小可以通过拉紧或是放松鞋盒侧面的鞋带来调节。消费者可以从正面、顶部或侧面打开这款鞋盒。

设计师
Sencer Ozdemir, Busra Mehlike Kurt Caliskan

材质
纸板

尺寸
320mm x 220mm

完成时间
2012 年

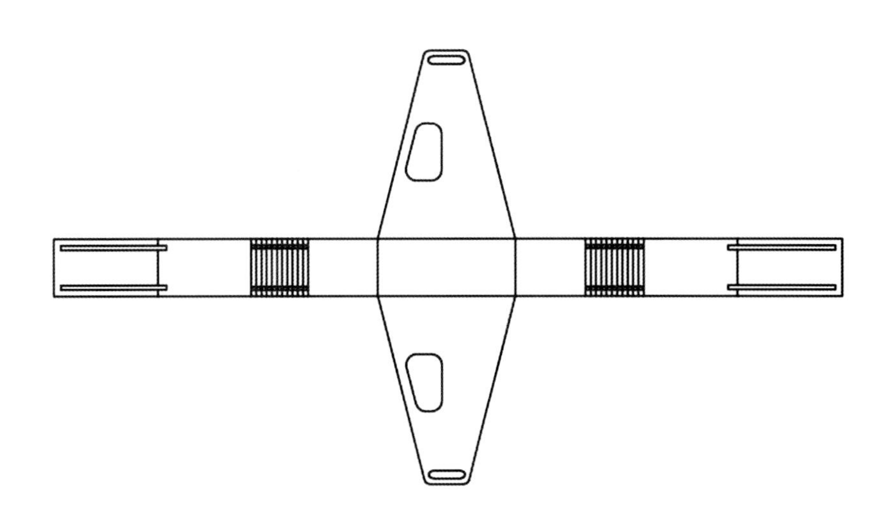

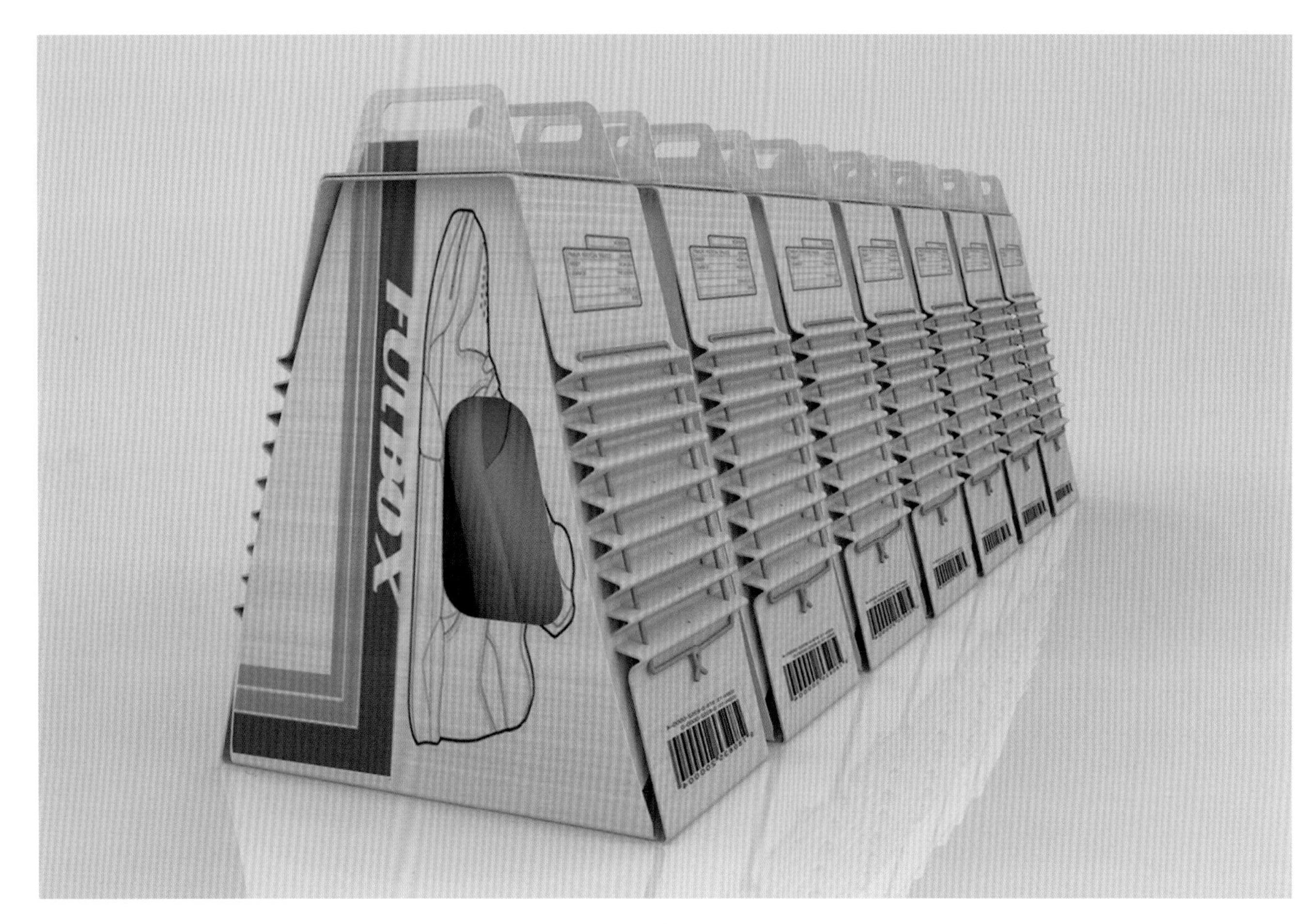

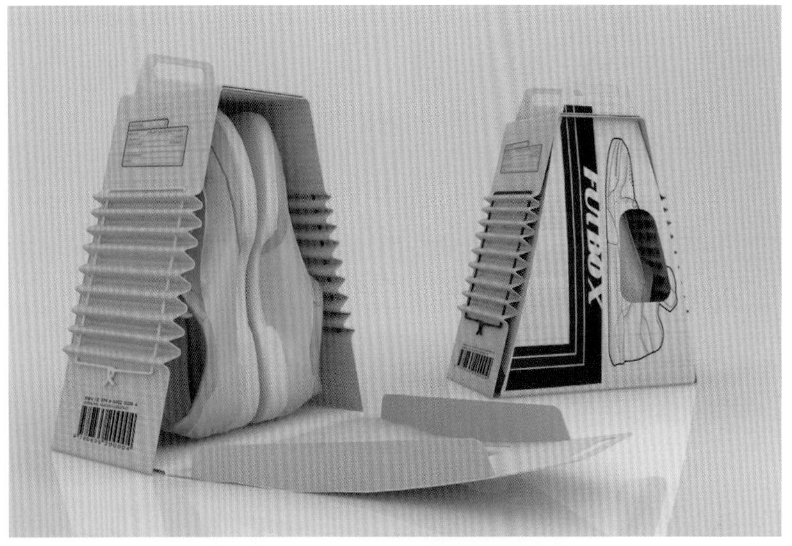

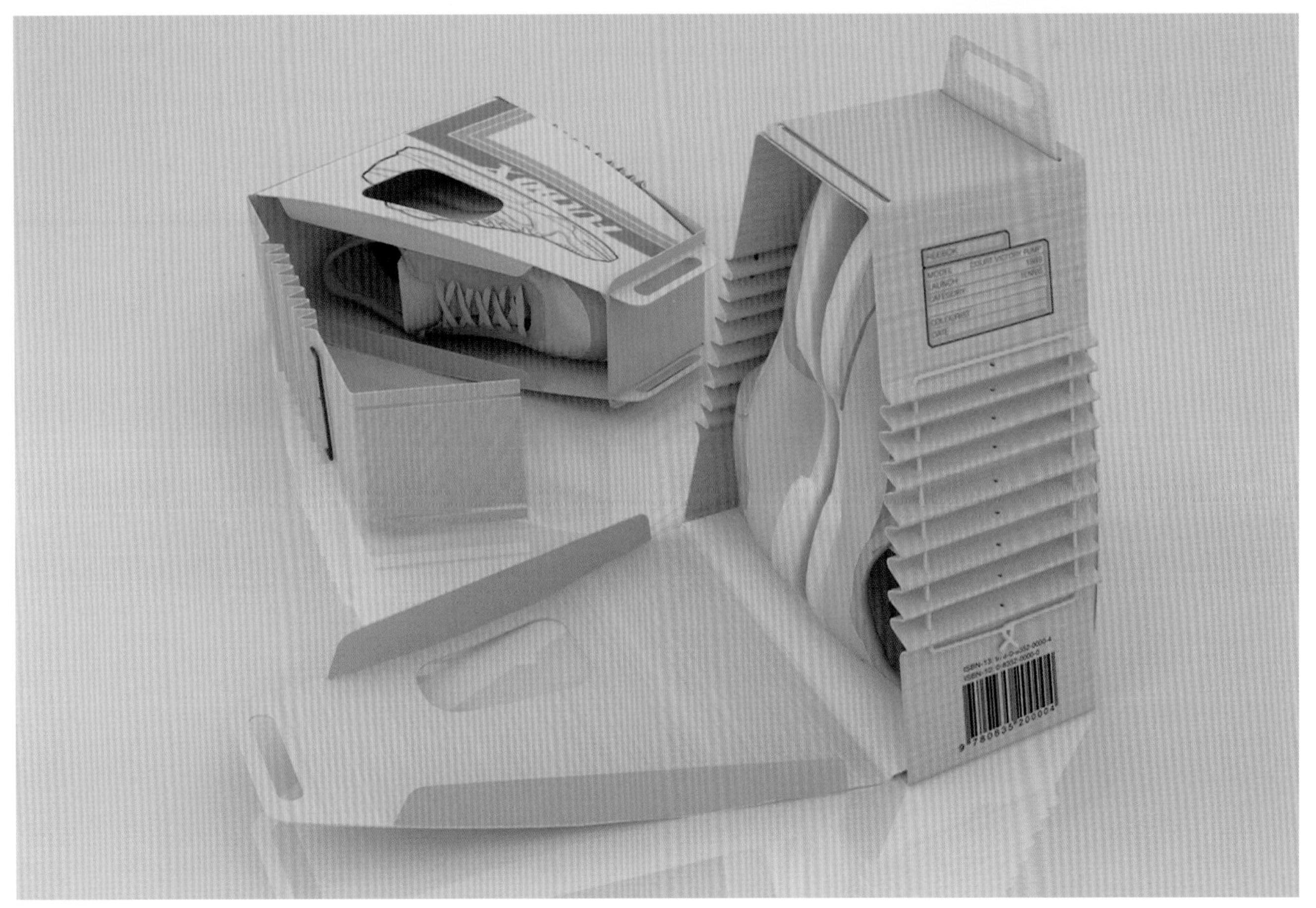

耐克 iD Mercurial 包装

耐克 iD Mercurial 的包装设计灵感来源于跑车。耐克为热爱足球的青少年举办了一场横跨八个国家的比赛，最终的获胜者可以赢得一双值得拥有的耐克 iD Mercurial 足球鞋，并由一名职业足球运动员为八位获胜者颁奖。英国托特纳姆的足球运动员 Aaron Lennon 向英国获胜者送出了他们自己的定制球鞋。设计师将足球鞋放置在“跑车的引擎盖”内，从而达到广告宣传的效果。设计公司和出品公司共同打造了一个类似于汽车引擎盖光滑波状外形的鞋盒，并为鞋盒添加了一个磁性弹簧开关。这种用树脂板制成的鞋盒表面光滑无暇。设计师对亚克力进行激光切割处理，用以制作引擎盖上的排气管和真空管。上述工序完成后，设计师便会用法拉利和宝马的车漆为鞋盒喷上获奖者选定的颜色。

委托方
Nike Football

设计机构
AKQA, Nirvana cph

合作者
Andrew Tuffs（创意总监），
Alfons Valls（设计师）

材质
树脂，亚克力

尺寸
225mm x 655mm x 455mm

完成时间
2013 年

CX54 FVU

#BEMERCURIAL

Startas 鞋盒

这款带有新视觉特征和 Startas 品牌信息的崭新包装旨在建立一个更好的品牌认知度和市场定位，增进与现有客户和潜在客户的沟通交流。从 1976 年开始，生产商便开始在位于克罗地亚武科瓦尔的博罗沃工厂内生产 Startas 品牌的纯手工鞋子。这款鞋盒上有一幅展示前南斯拉夫体育用品和服装式样的图片。

在生产 Startas 品牌的鞋子时，博罗沃鞋厂从未使用过对自然有害的材料，鞋品生产也不会产生大量的废弃物。新包装的设计目标是强调保护环境的同时将 Startas 作为象征环保的品牌进行推广。因此，这款包装和鞋盒和手提袋融为一体，不需要再为塑料袋的生产付额外的成本。

委托方
Borovo

设计师
Leo Vinkovic

摄影师
Vedran Marjanovic

材质
牛皮纸

尺寸
300mm x 125mm x 100mm

完成时间
2013 年

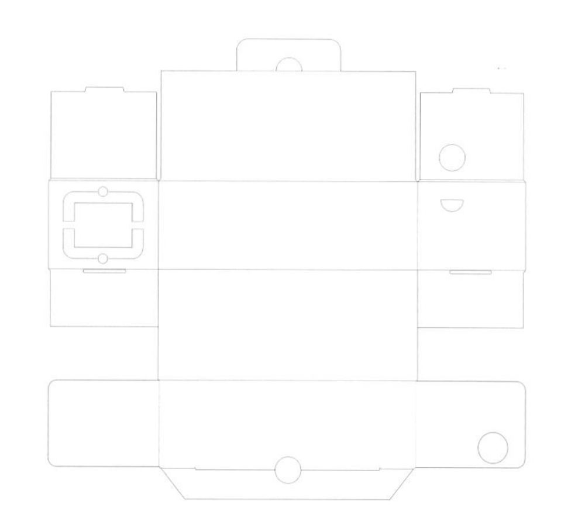

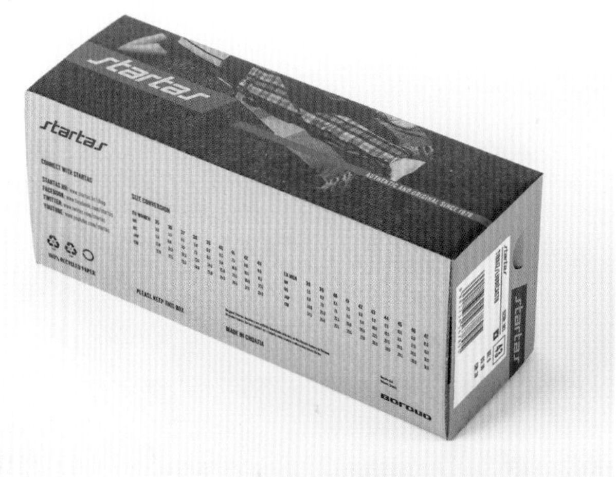

startas
TIRKIZ/LJUBIČASTO
UZOR: 183
43
UK: 9
US: 10
CM: 28
startas

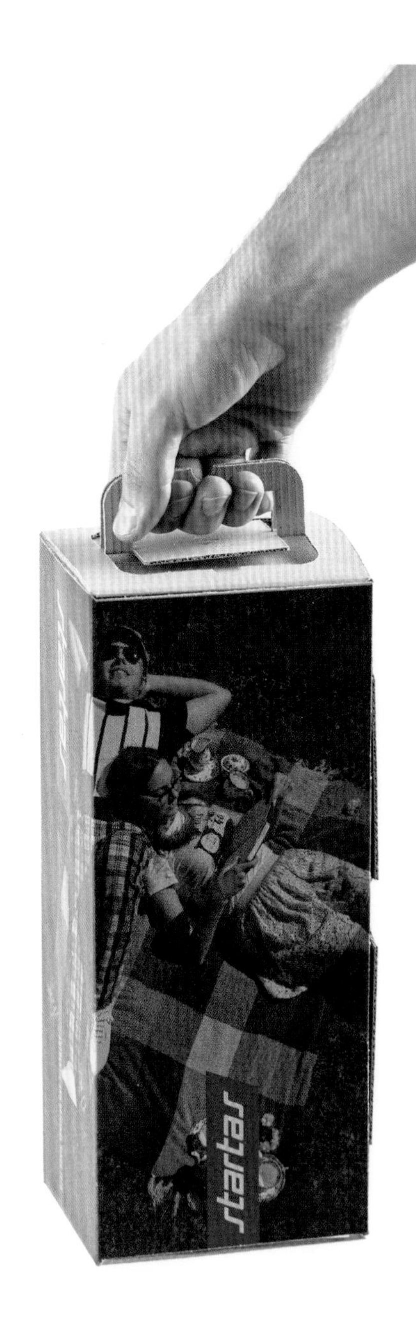
startas

startas

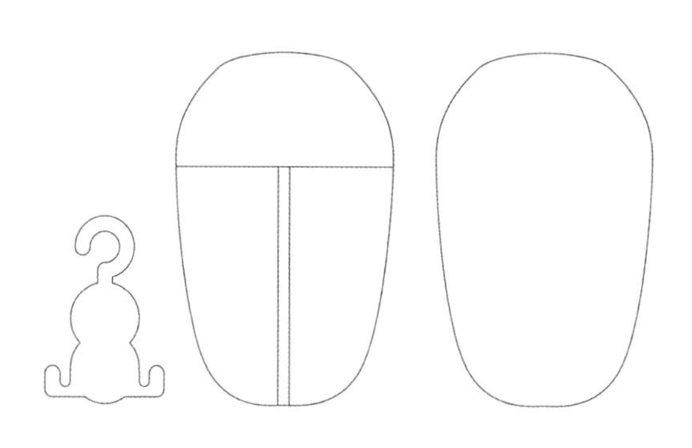

“古早”老式拖鞋包装

KARATE 是一个古老而传统的工厂，这家工厂用回收材料（主要是车辆的轮胎）生产耐用的拖鞋。为了庆祝工厂成立四十周年，KARATE 希望生产一些不同以往的新产品。KARATE 拖鞋是 20 世纪 70 年代每个东南亚人都拥有的一款拖鞋。产品以蓝色和白色为主，这在人们的脑海中留下了深刻的印记，无论是在浴室还是厨房，这款产品都不仅仅是一双拖鞋，还代表着从前的回忆。设计师为这款老式拖鞋打造了一个新品牌“古早”。受另一标志性日常用品——红白蓝色尼龙袋的启发，设计师用尼龙材料和木质鞋挂设计出美观的拖鞋包装，这也成功地让 KARATE 拖鞋回归市场。

委托方
KARATE

设计师
Low Yong Cheng

材质
尼龙、木料

尺寸
400mm x 200mm

完成时间
2014 年

古早
GoZe

彪马足球鞋限量版包装

设计师们为彪马推出的 Evospeed 足球鞋设计了一款定制包装，并将这款包装派发给具有影响力的博主和新闻媒体。设计师们需要在有限的时间内提出一个夺人眼球的解决方案，用以展示球鞋和设计技术。包装盒的设计灵感来源于隐形轰炸机，可以体现球鞋的高速性能。包装盒底部的塑胶托盘用激光切割而成，将包装盒的铝质外壳向后折叠，塑胶托盘内的球鞋便呈现在人们面前。黑色磨砂的盒盖和荧光绿的盒底形成了鲜明的对比。

委托方
Puma

设计机构
Everyone Associates

设计师
Alan Watt, Jonathan Coleman

材质
轻质铝、钕磁铁、有机玻璃

尺寸
350mm x 225mm x 130mm

完成时间
2013 年

The Nature of
Performance

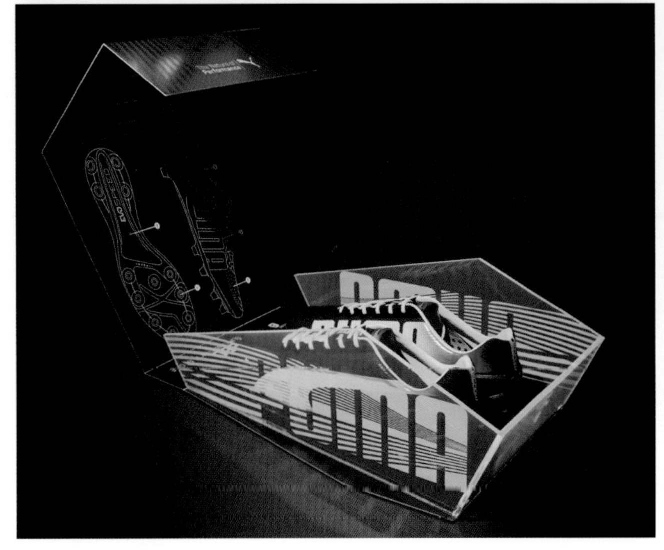

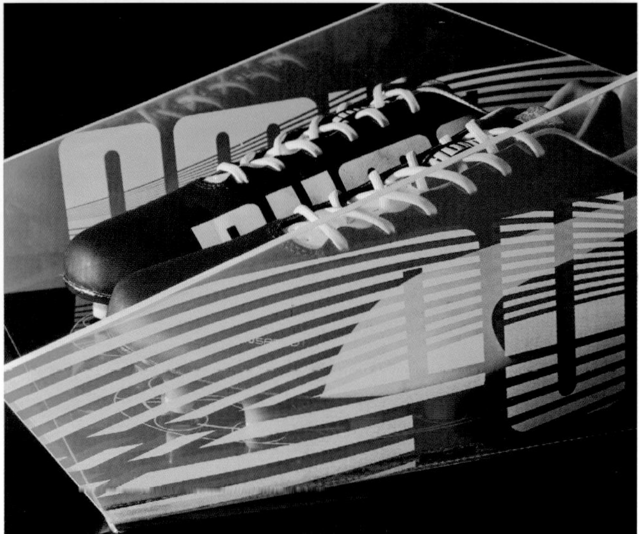

EVOSPEED
PUMA

PUMA
evoSPEED
BLINK AND THEY'LL BE GONE

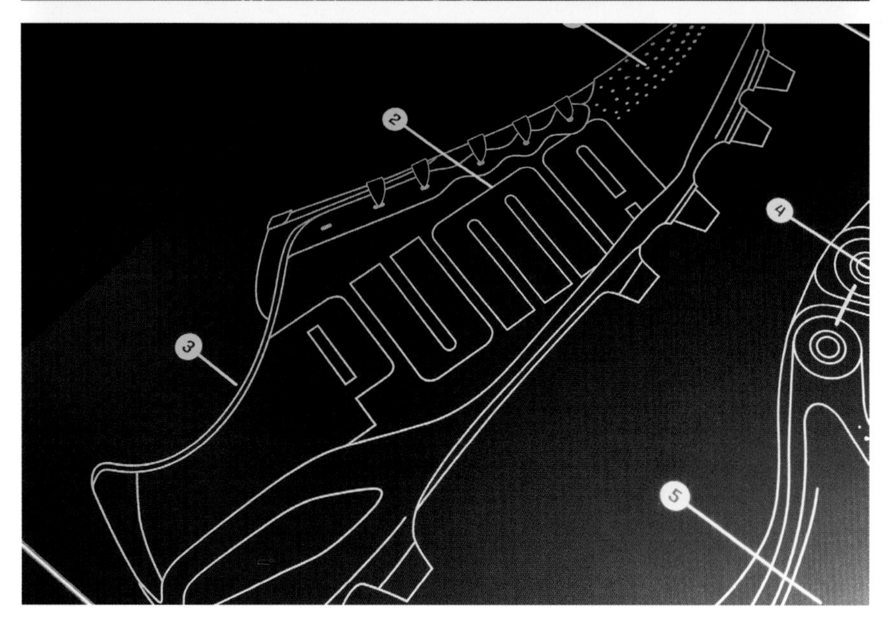
2
3
4
5
PUMA

SPEED
evoSPEED 1.2

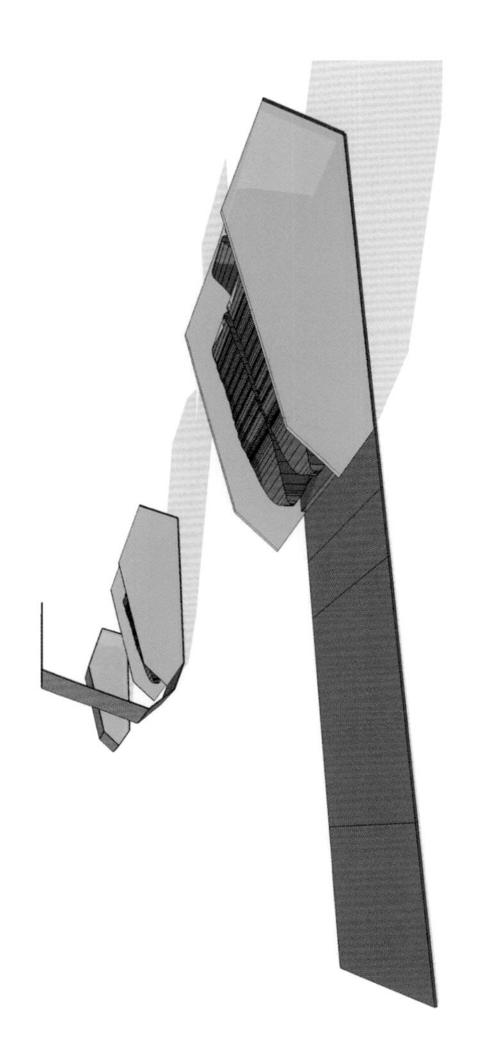

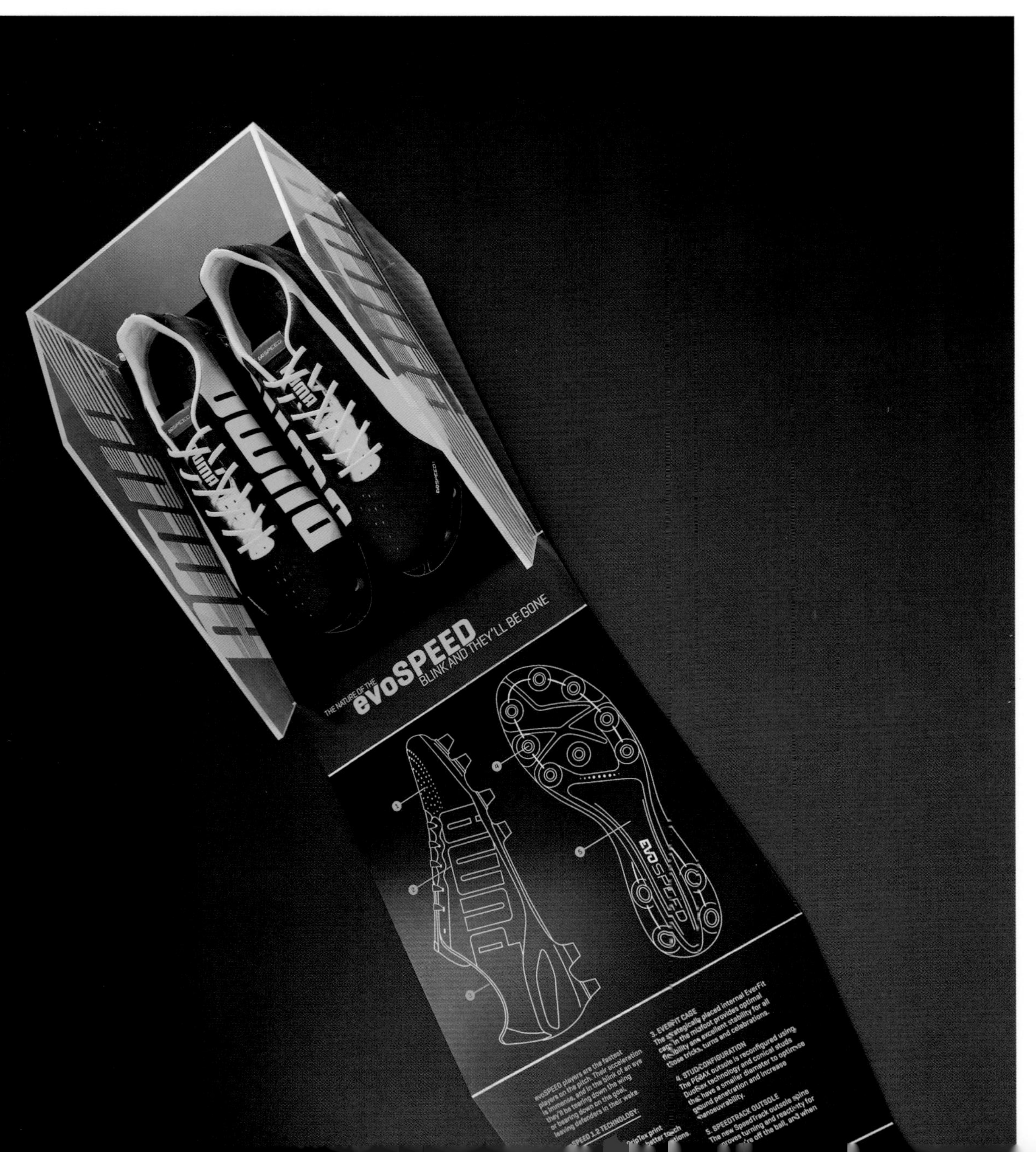
THE NATURE OF THE
evoSPEED
BLINK AND THEY'LL BE GONE
PUMA

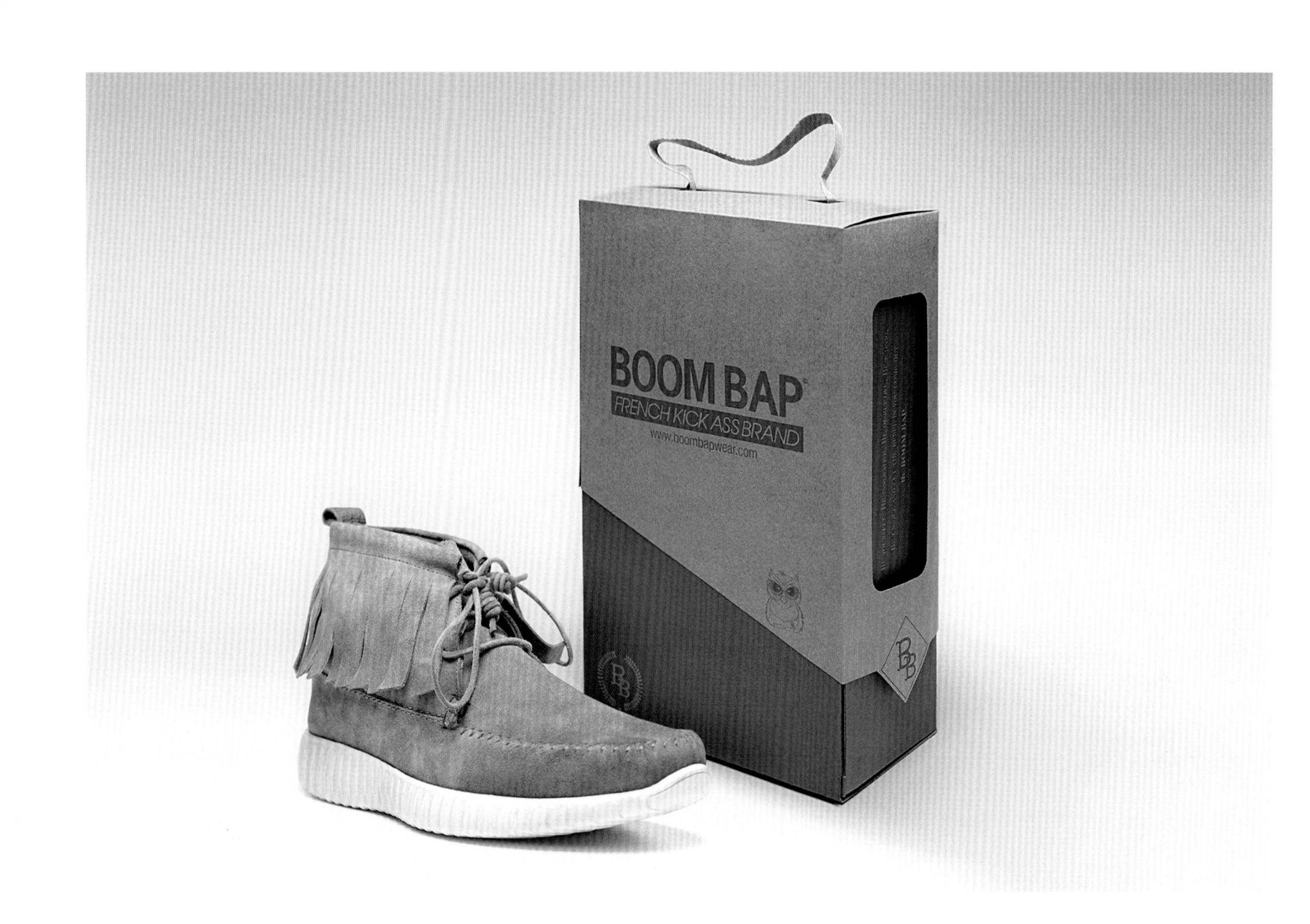

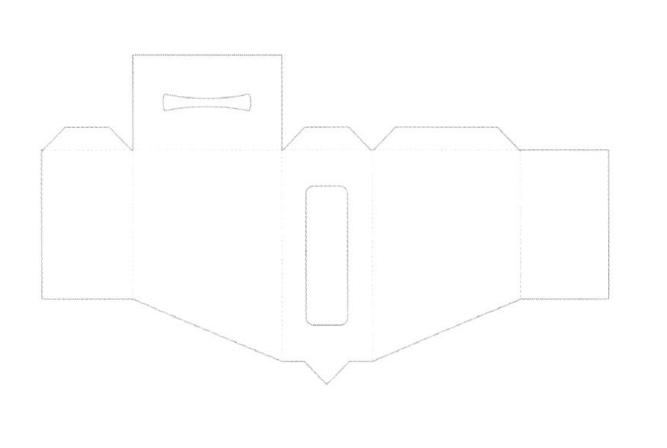

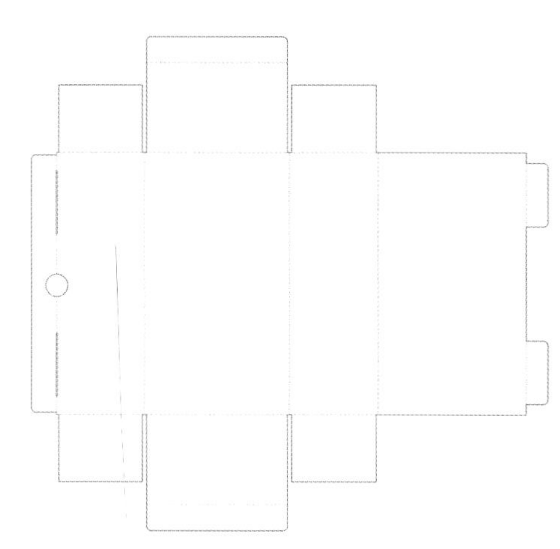

手提式鞋盒

选购鞋类商品时，多数商店都会为消费者提供包装盒和包装袋，方便消费者将商品带回家。但包装袋多是用塑料做成的。如何将包装盒和包装袋结合起来是这个项目设计的关键，这也就是设计师为什么设计了这款手提包装盒的原因。

设计师将鞋子装在设有一体化拎手的包装盒内，盖上盒盖，从盒顶抽出拎手。这款包装盒采用天然牛皮卡、牛皮纸和天然纤维制成的手柄制作而成，是一款环保而实用的包装。在考虑包装颜色时，设计师并没有忘记将营销元素加入到设计中。印在包装盒上的商标和广告语清晰可见，淡绿色与牛皮纸的颜色对比鲜明。

委托方
Boom Bap Wear

设计师
Pedro Sousa

材质
牛皮纸、牛皮卡、布料

尺寸
350mm x 200mm x 122mm

完成时间
2014 年

fuck
you me off

BOOM BAP

fuck
you me off
It's up to you to do something !!
BOOM BAP
FRENCH KICK ASS BRAND
www.boombapwear.com
FOLLOW
US

FOLLOW
US

BOOM BAP
FRENCH KICK ASS BRAND
BE INNOVATIVE. BE DISRUPTIVE. BE ICONIC.
UNIQUE AND LET THE REBEL IN YOU COME OUT!
BE BOOM BAP

彪马超轻鞋盒

德国彪马公司委托 Name & Name 为彪马最轻便的鞋类产品 EvoSpeed SL Superlight 设计一款包装。这款包装盒由泡沫和薄板制成，重量超轻。为了对 EvoSpeed 急速超轻的主题进行阐释，设计师们设计了一个可以从鞋盒上剥落下来的印有线条的纸盒。产品的名字也是用线条设计而成，线条划过产品的名字时与其重叠，发出微弱的闪光，仿佛是在快速移动。设计师还为包装盒选择了与足球鞋一样的颜色，明红色和深蓝色。

委托方
Puma Germany

设计机构
Name & Name

设计师
Ian Perkins, Aja Lee, Christine Tseng, Tasha Chen

材质
纸板、塑料

尺寸
350mm x 250mm x 150mm

完成时间
2015 年

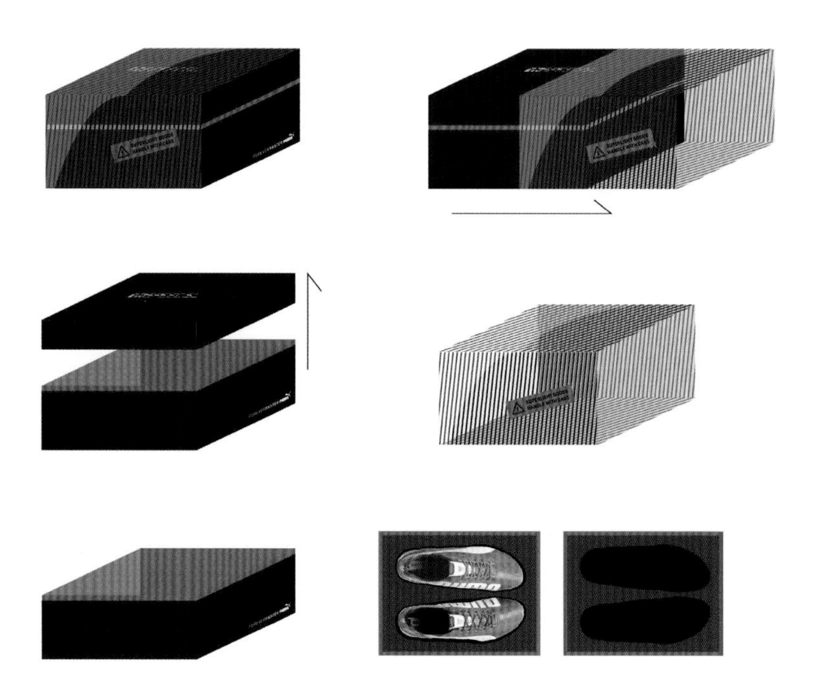

EVOSPEED SL
PUMA

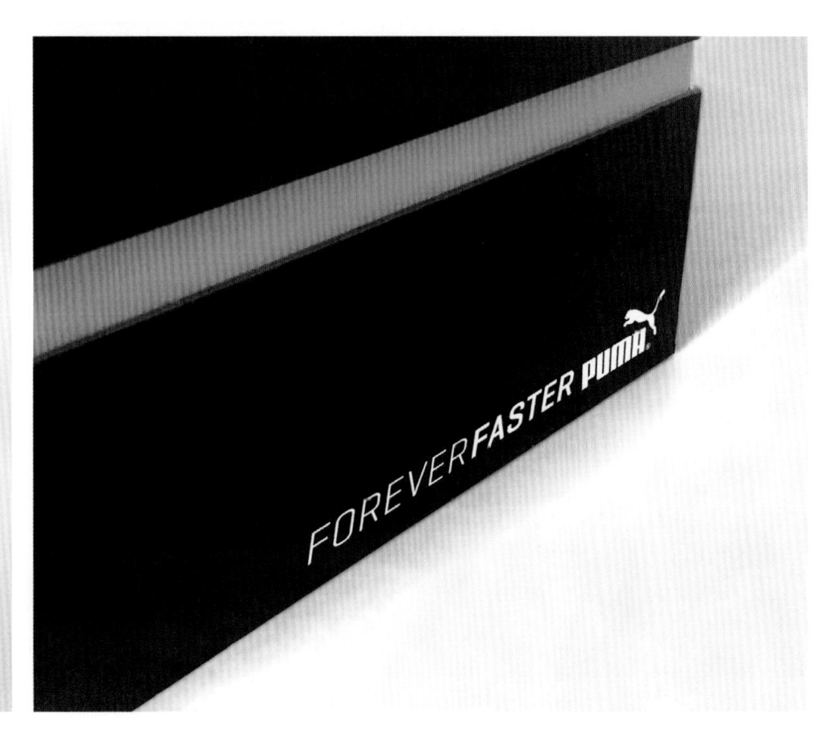
FOREVERFASTER PUMA

Van Gils 65 周年包装

Van Gils 是一个高品质的男装品牌。2013 年是 Van Gils 品牌创立的第 65 个年头，Van Gils 抓住时机推出了一款限量版鞋类产品——黑白鹿皮鞋。为了吸引消费者的目光，设计公司为这款鞋类产品设计了一款高级鞋盒。

沿用 Van Gils 服务创新意识的同时，设计师决定为消费者提供一个有用的附加产品。带有高光花纹的白色盒子和磁条设计十分显眼。盒子里面铺有黑色天鹅绒泡沫层，并在泡沫层上剖出可以放置礼品的空间，附赠的礼品包括用于搭配的皮带、鞋带、袖扣和鹿皮抛光刷。

消费者决不会购买他们未曾见过的商品，因此设计师为包装盒添加一个额外的功能，将鞋盒变成一个多功能工具！设计师在盒盖上设计了一个虚线鞋印，将鞋盒变成一个店内鞋品展示架，为这款周年庆限量版男鞋做品牌宣传。

委托方
Van Gils

设计机构
Frank Agterberg/bca

材质
纸板、白纸

尺寸
400mm x 300mm x 150mm

完成时间
2013 年

NO
STITCH
NO
STORY

NO
STITCH
NO
STORY
65 YEARS
ANNIVERSARY
LIMITED
EDITION
65 years ago, with Van Gils,
men stepped out of line to find their
confident self.
Ever since that day Van Gils has
been known for its innovative
design and looks, providing
the ultimate suit for those
who aren't afraid to live life
to the fullest, the occasional
scars included.
Made of classic black-and-white
nubuck and based on a
distinctive double layer sole,
this limited edition Brothel Creeper
is a worthy representative to
celebrate Van Gils' anniversary.
Ready to add stitch to the story.
Van Gils

NO
STITCH
NO
STORY
65 years ago, with Van Gils,
men stepped out of line to find their
confident self.
Ever since that day Van Gils has
been known for its innovative
design and looks, providing
the ultimate suit for those
who aren't afraid to live life
to the fullest, the occasional
scars included.
Made of classic black-and-white
nubuck and based on a
distinctive double layer sole,
this limited edition Brothel Creeper
is a worthy representative to
celebrate Van Gils' anniversary.
Ready to add stitch to the story.
Van Gils
NO
STITCH
NO
STORY

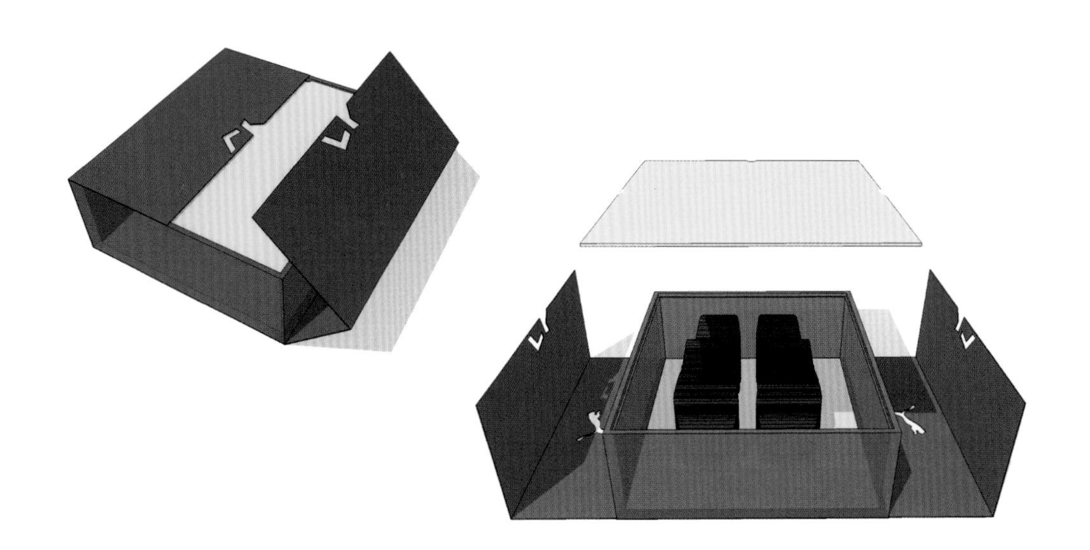

彪马豪华限量版包装

设计师为新推出的彪马 King 豪华版球鞋设计了一款限量版包装，标志着传统展示盒设计趋势的转变。早先推出的彪马 King 球鞋一直与足球史上的几位伟大球员联系在一起。这款豪华版球鞋仅有 999 双，旨在为早先推出的彪马 King 球鞋赋予新的时代印记。设计师选用优质材料制作出这款球鞋的展示盒，用以彰显这款豪华版球鞋的王者地位。将带有激光刻蚀图案的黑色铝质外壳打开后，便可看到一块反射出金色的烟熏有机玻璃板。开启包装、展示球鞋的过程给人一种神秘的仪式感。

委托方
Puma

设计机构
Everyone Associates

设计师
Alan Watt, Jonathan Coleman

材质
铝、有机玻璃

尺寸
325mm x 365mm x 135mm

完成时间
2013 年

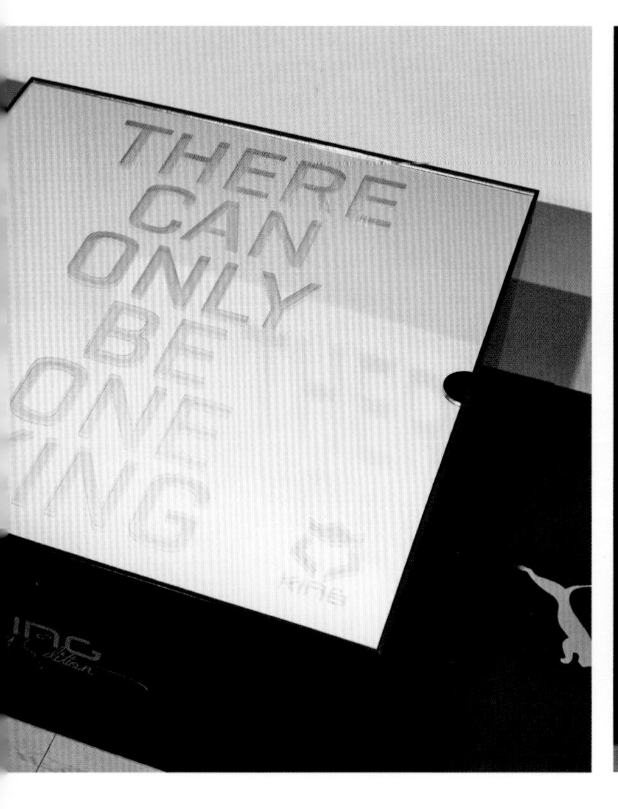
THERE
CAN
ONLY
BE

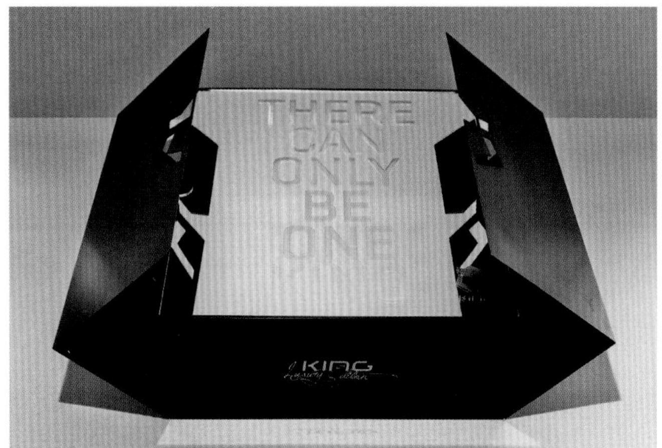
THERE
CAN
ONLY
BE
ONE
KING

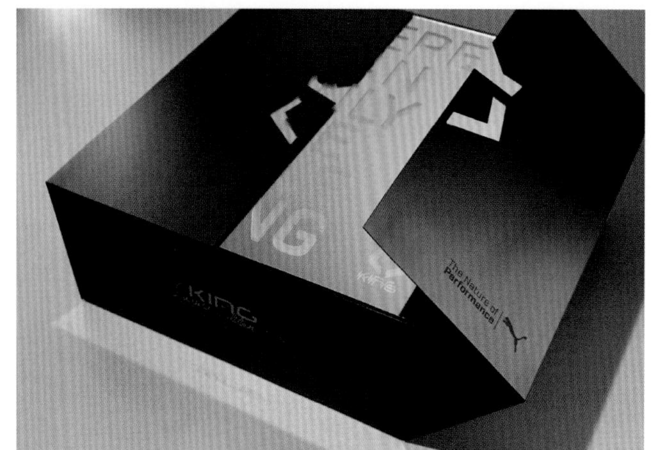
KING
The Nature of
Performance

KING

CHUPL 包装设计

设计师的任务是设计一款能够展现品牌天然和手工特点的包装。简单地说，该项目的设计内容由包装盒、吊牌、展示架和海报组成。虽然需要根据客户的要求进行设计，但是设计师的头脑中呈现出的却是一种新的构思。客户一直在跟设计师谈论可持续性的问题，因此，设计师决定对整体方案进行归零化处理。两个放在一起的盒子不仅可以向消费者传达品牌的故事和存在意义，同时也为消费者提供了一个可以观看、触摸和感觉产品的小窗口。为了避免浪费材料，鞋带上的吊牌是用从包装盒窗口处剪下的材料制作而成的。

委托方
Tim Sebastian

设计师
Niteesh Yadav

材质
再生纸

尺寸
320mm x 215mm x 110mm

完成时间
2015 年

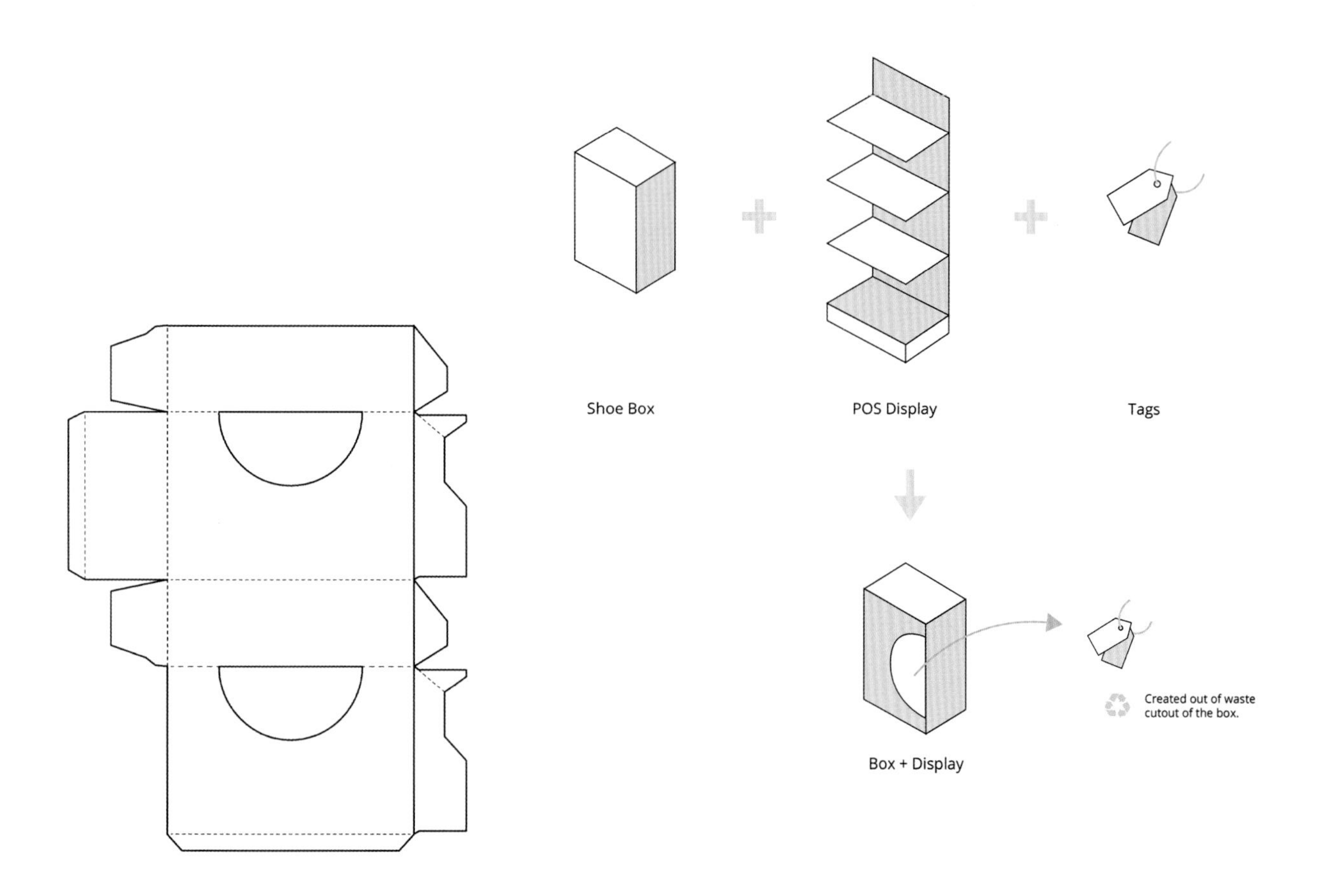
Shoe Box
POS Display
Tags
Box + Display
Created out of waste cutout of the box.

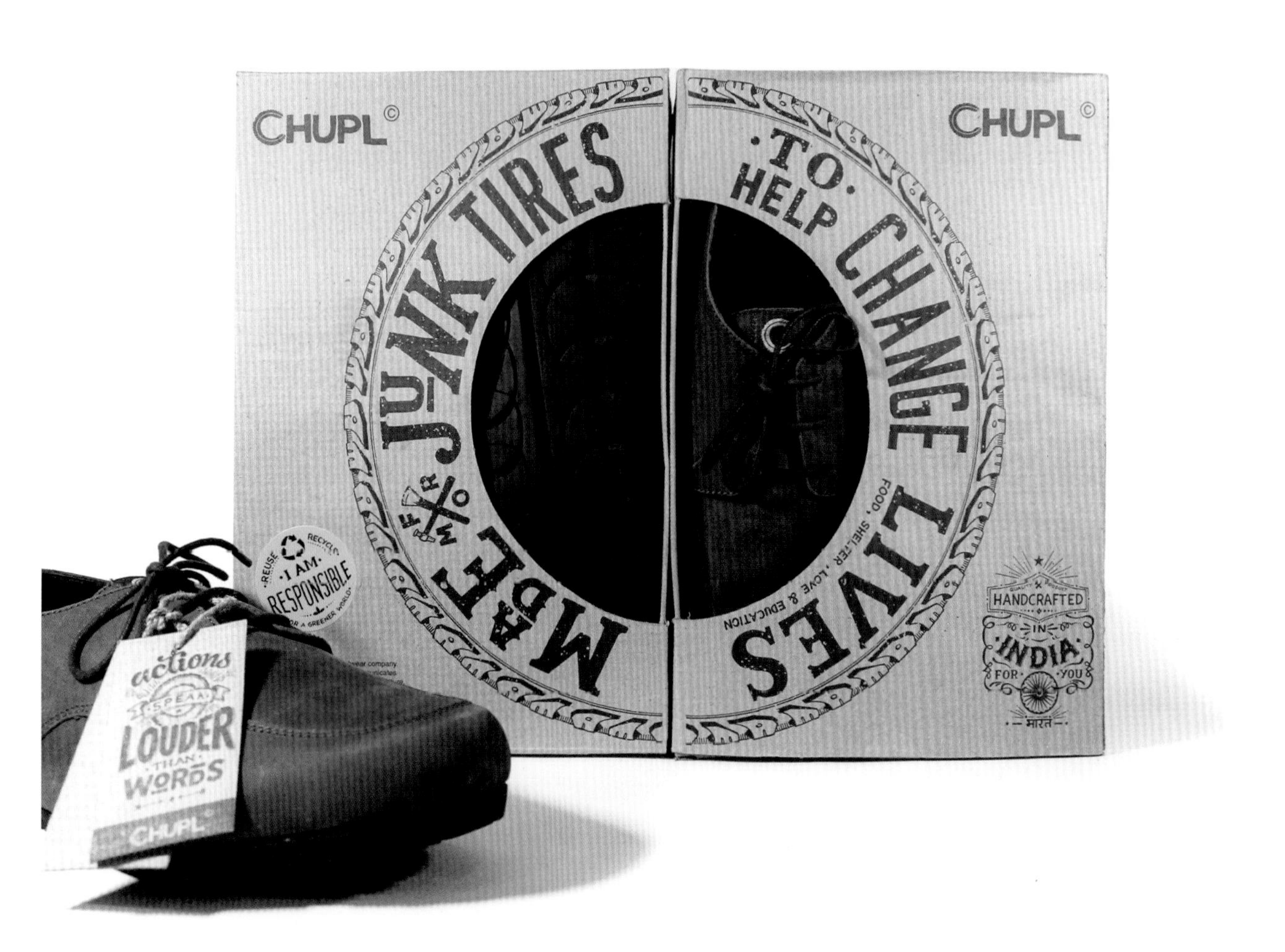
CHUPL©
CHUPL©
MADE FROM JUNK TIRES
TO HELP CHANGE LIVES
FOOD, SHELTER, LOVE & EDUCATION
HANDCRAFTED IN INDIA FOR YOU
भारत
REUSE RECYCLE
I AM RESPONSIBLE
actions SPEAK LOUDER THAN WORDS
CHUPL

彪马 2014 世界杯特别版包装

为了从 2014 年世界杯中脱颖而出，各国球队展开了激烈的较量。彪马公司在球场上宣布自己要成为第一个推出混搭风格的运动品牌。彪马公司要求设计师为每位明星球员都设计一款 Tricks 系列产品的限量版鞋盒。在 2014 年的巴西世界杯上，包括马里奥·巴洛特利、塞斯克·法布雷加斯、塞尔希奥·阿奎罗、马尔科·罗伊斯和亚亚·图雷在内的多位明星球员都穿上了 Tricks 系列产品。这款鞋盒也需要为这些足球英雄进行时尚宣传。为了体现足球鞋的独特外观和巴西人的活力，设计师设计了一款充满活力的透明盒子。将盒子沿垂直方向展开，便可看到盒内的粉色鞋子和蓝色鞋子。这款包装设计将亮光和哑光表面处理结合起来，盒子内部还印有 12 个世界杯球场的名字和坐标。

委托方
Puma

设计机构
Everyone Associates

设计师
Alan Watt, Jonathan Coleman

材质
有机玻璃、铝

尺寸
360mm x 210mm x 210mm

完成时间
2014 年

PUMA
PUMA

EVOSPEE
BRAZZZZZiiiiiiLLLLL
12_06_14 - 13_07_
#STARTBELIEVI

Radamel Falcao
EVOSPEED
#STARTBELIEVING
PUMA
EVOSPEED
12_06_14 - 13_07_14
#STARTBELIEVING
PUMA

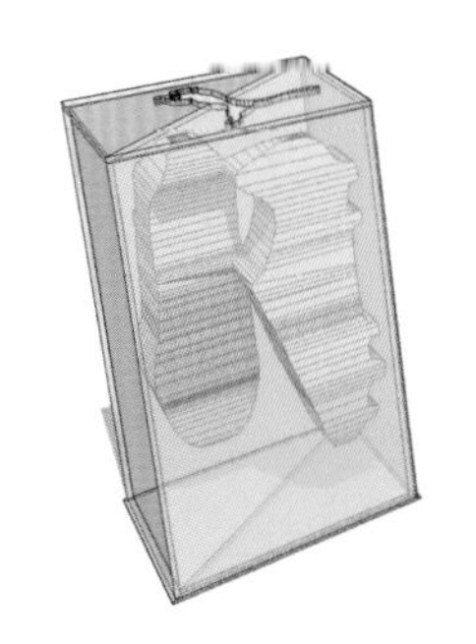

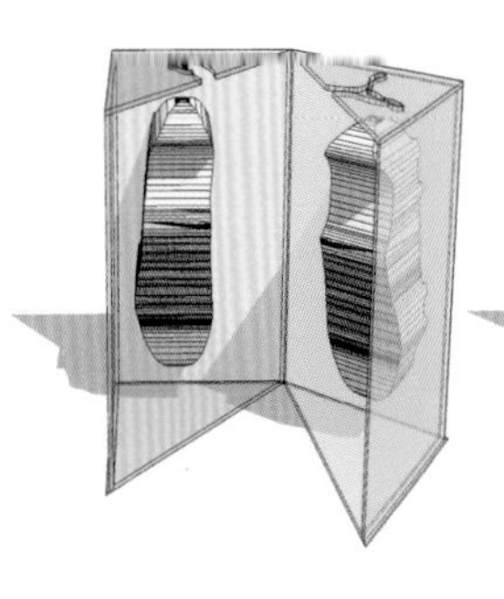

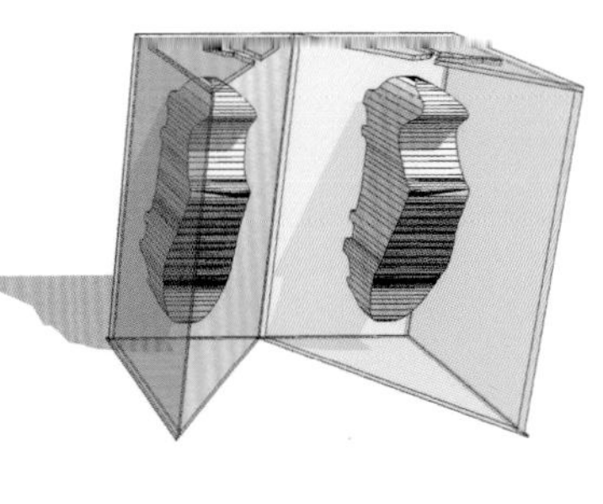

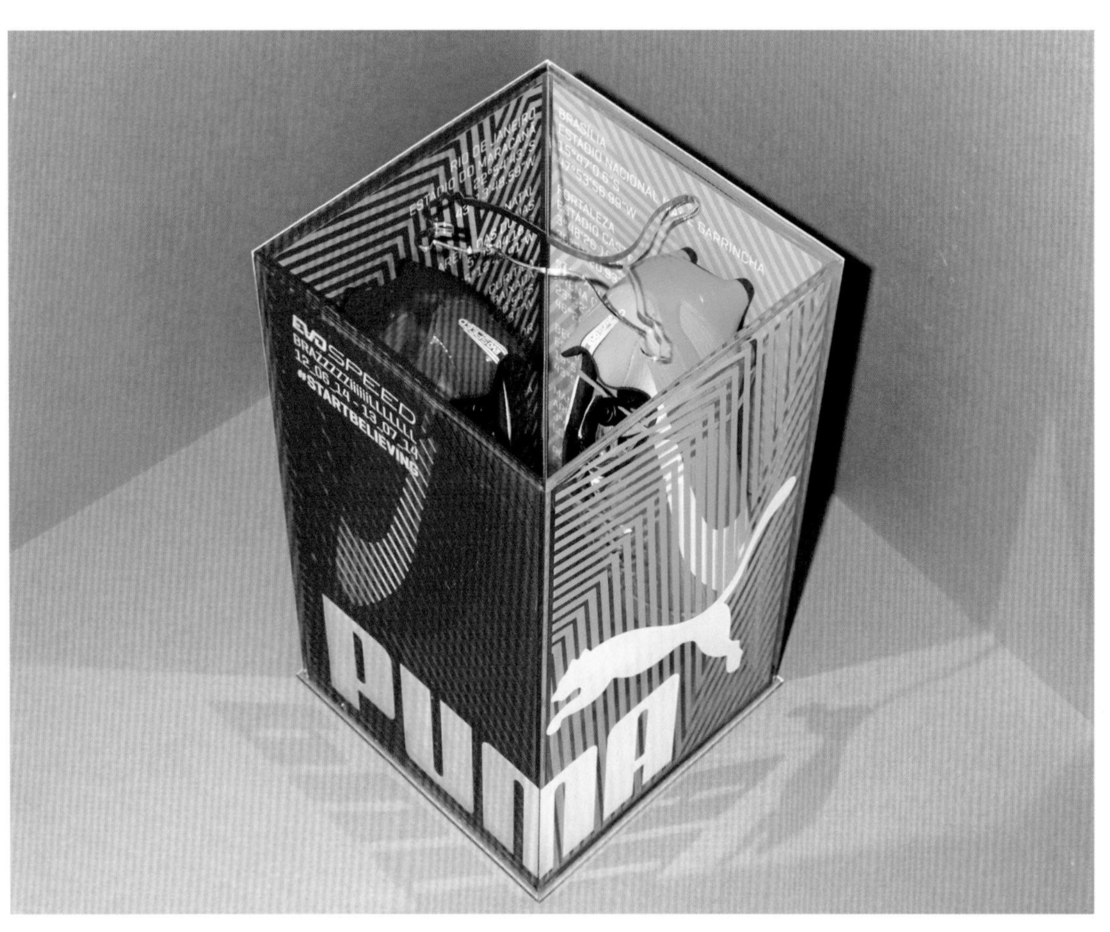
EVOSPEED
#STARTBELIEVING
PUMA

15°47'0.6"S
47°53'56.99"W
FORTALEZA
ESTÁDIO CASTELÃO
EVOSPEED
#STARTBELIEVING

BRASILIA
15°47'0.6"S
47°53'56.99"W
FORTALEZA
ESTÁDIO CASTELÃO
3°48'26.16"S
38°31'20.93"W
SÃO PAULO
ARENA CORINTHIANS
23°32'43.91"S
46°28'24.14"W
BELO HORIZONTE
ESTÁDIO MINEIRÃO
19°51'57"S
43°58'15"W
MANAUS
ARENA AMAZÔNIA
3°4'59"S
60°1'41"W
PORTO ALEGRE
ESTÁDIO BEIRA-RIO
30°3'56.21"S
51°14'9.91"W
NATAL
CURITIBA
SALVADOR
CUIABA
RECIFE

15°47'0.6"S
47°53'56.99"W
FORTALEZA
ESTÁDIO CASTELÃO
3°48'26.16"S
38°31'20.93"W
SÃO PAULO
ARENA CORINTHIANS
23°32'43.91"S
46°28'24.14"W
BELO HORIZONTE
ESTÁDIO MINEIRÃO
19°51'57"S
43°58'15"W
MANAUS
ARENA AMAZÔNIA
3°4'59"S
PORTO ALEGRE
ESTÁDIO BEIRA-RIO
30°3'56.21"S
51°14'9.91"W
NATAL
CURITIBA
SALVADOR
CUIABA
ARENA PANTANAL
RECIFE

35°12'49.91"W
CURITIBA
ARENA DA BAIXADA
25°26'54"S
49°16'37"W
SALVADOR
ARENA FONTE NOVA
12°58'43"S
38°30'15"W
CUIABA
ARENA PANTANAL
15°36'11"S

委托方	尺寸
Redberry	300mm x 140mm x 180mm
设计机构	完成时间
Anagrama	2014 年
材质	
纸板	

Redberry 包装设计

Redberry 是一家有着典型美国鞋类零售商和工厂直销店氛围的鞋店。这家商店的理念是以实惠的价格为广大市民引进美国概念的品牌鞋类。这款品牌包装的设计借鉴了鞋店的名字——Redberry。设计师为该品牌设计一个树莓形状的特色商标。字体风格和单一色彩的品牌特征元素将 Redberry 的工业化和现代化风格展露无遗。这款包装展现出了亲民的品牌形象，为消费者带来愉快的购物体验。

SHOE-
BOX
BY
REDBERRY
SHOE-
BOX
BY
REDBERRY
SHOE-
BOX
BY
REDBERRY
SHOE-
BOX
BY
REDBERRY

SHOES-
ON THE
GO
BY
REDBERRY

SHOES-
ON THE
GO
BY
REDBERRY

阿迪达斯“之”字形包装

该项目旨在改进阿迪达斯梅西图案包装的设计，其设计灵感来源于“Gembeta”一词，这是对足球赛场上梅西面对对手时所展示的之字形变向运球的定义。鞋盒的盒盖是一大一小两块纸板，小块纸板的边缘呈之字形，大块纸板为全盖尺寸大小。先将鞋盒左侧的大块纸板盖好，然后放下之字形的小块纸板盖，将小块纸板上的两个卡扣插入大块纸板上的卡槽，盒盖上便呈现出一条之字形线条。

鞋盒连接处和折叠处的设计去掉了先前设计中出现的折叶和其他不必要的元素，新结构使鞋盒整体更加光滑整洁。该项目的设计理念与梅西的踢球路线完全一致，图形部分则是受到梅西战靴外观结构的启发而设计的。

委托方
adidasAG

设计机构
Markmus Design, adidas AG, AMJ Studios

合作方
Marcos Aretio（设计），
Joe Stothard（图案），
Herbert Bartl（开发），
Daniel Felke（项目管理）

材质
纸板

尺寸
280mm x 190mm

完成时间
2015 年

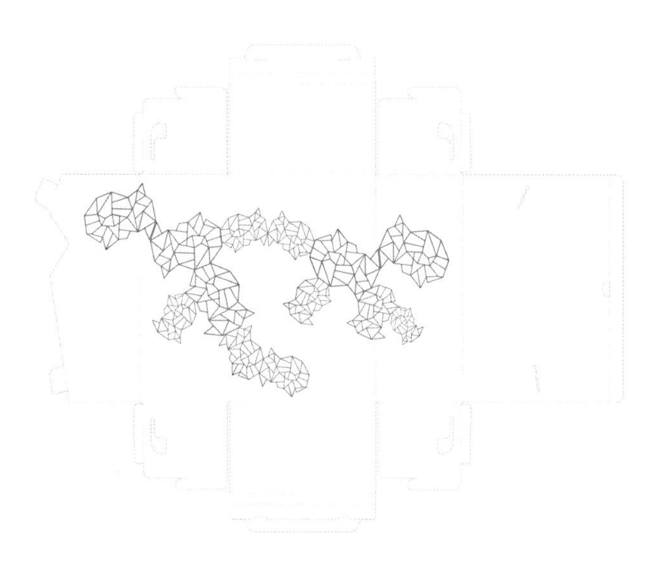

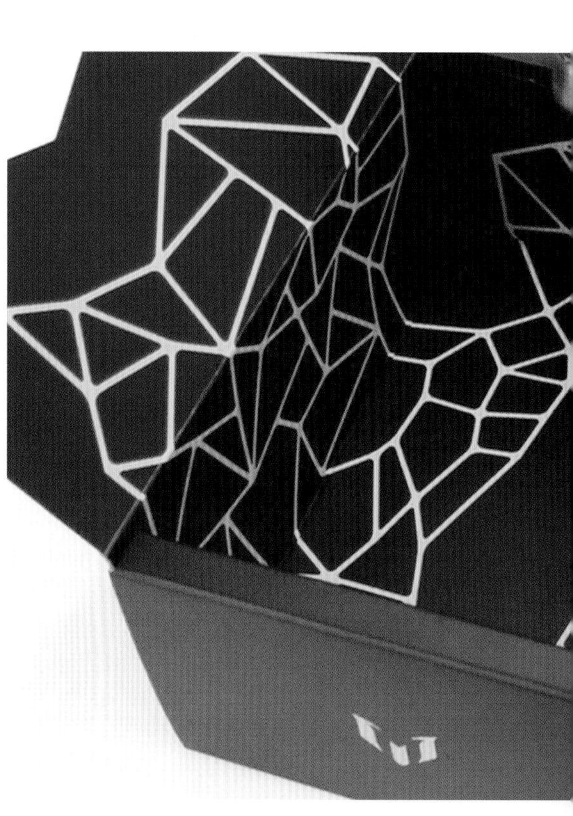

“NO HE
GANADO NADA,
HASTA QUE
HAYA GANADO
TODO”
“I’VE WON
NOTHING
UNTIL I’VE WON
EVERYTHING”

“NO HE
GANADO NADA,
HASTA QUE
HAYA GANADO
TODO”
“I’VE WON
NOTHING
UNTIL I’VE WON
EVERYTHING”

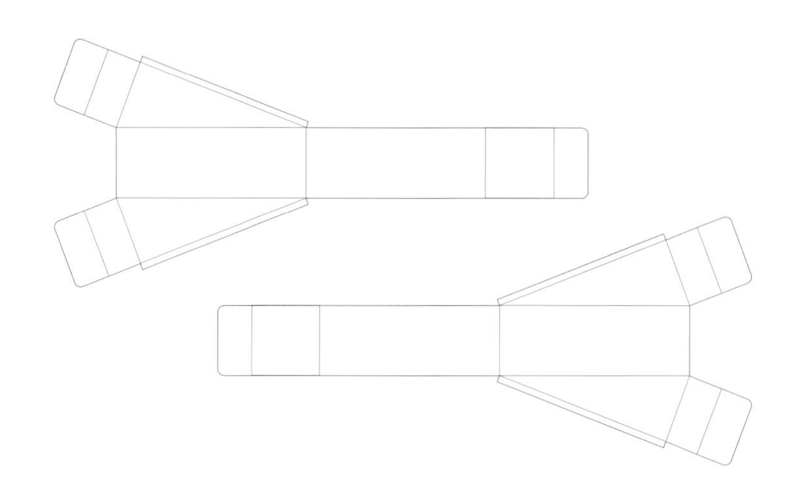

帆布运动鞋包装

这款帆布运动鞋的包装设计旨在为人们携带运动鞋提供方便，人们可以轻松地将运动鞋放在手提包内。整个包装分为两个部分，分别是用厚纸制成的“香蕉皮”和用柔软橡胶制成的“橙子片”。“香蕉皮”可以方便鞋子运输，而“橙子皮”可以将鞋子分装进两个三角形的包装，方便人们携带。与其他鞋品包装不同，这款包装不仅能够摆放在店内或是家中，而且还轻便易携。运动过后，人们可以将鞋子装进鞋盒，从而使其与衣物分隔开来，以防止衣物被臭味熏染。

设计师
Migle Sciglinskaite

材质
卡纸、橡胶

尺寸
300mm x 120mm x 120mm

完成时间
2014 年

SPORTINIAI BATELIAI
8
555301 060

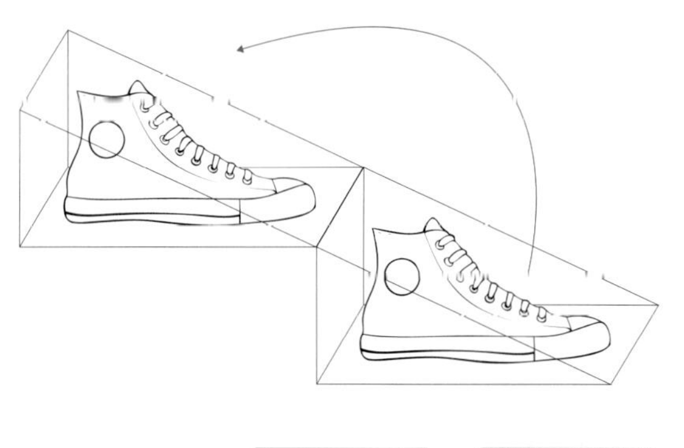

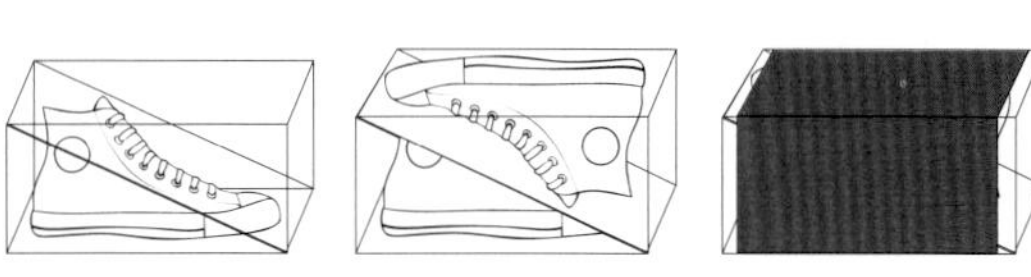

迈乐鞋盒包装设计

美国迈乐的产品设计总会将加利福尼亚州各地的特色地貌景观囊括其中，好似开启一场奇特的冒险之旅。设计师将这款鞋盒设计成由两个三角形盒子组成的拉盖包装。沿着对角线分布的橙色和棕色两种暖色形成鲜明对比，勾画出山坡、户外的景色，同时也象征着迈乐的冒险精神。

委托方
Merrell

设计师
Shaily Shah

材质
美纹纸

尺寸
305mm x 159mm x 152mm

完成时间
2014 年

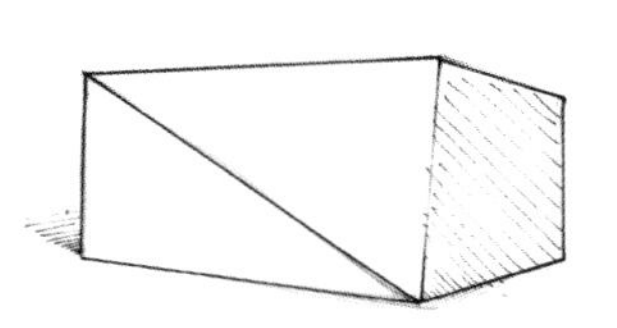

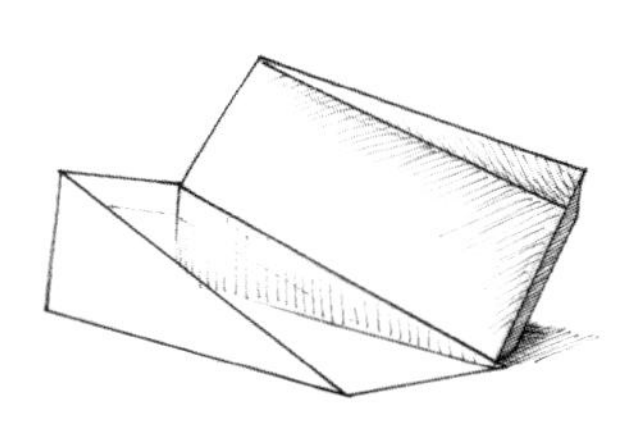

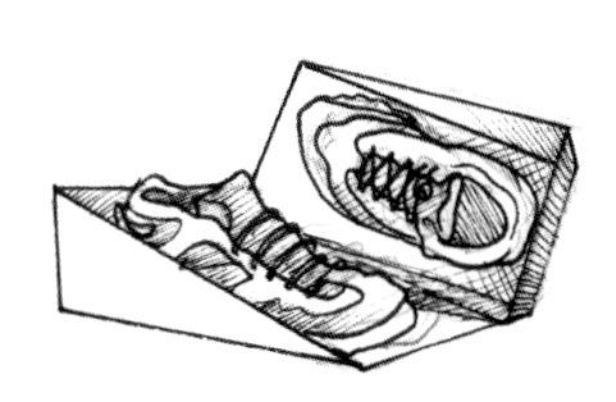

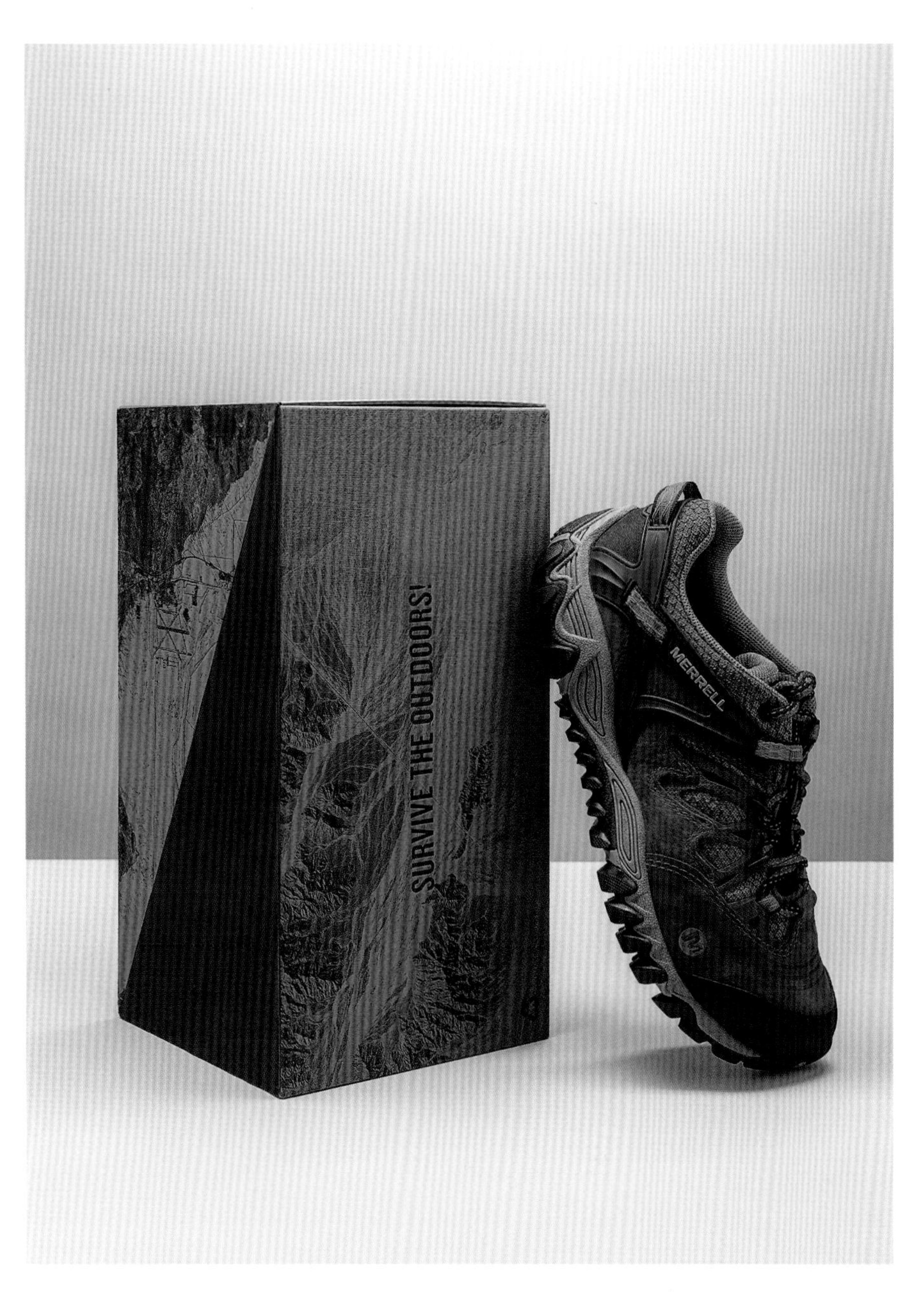

MERRELL

MERRELL
WILDERNESS: THE ORIGINAL
S M L XL
Thank you for shopping.

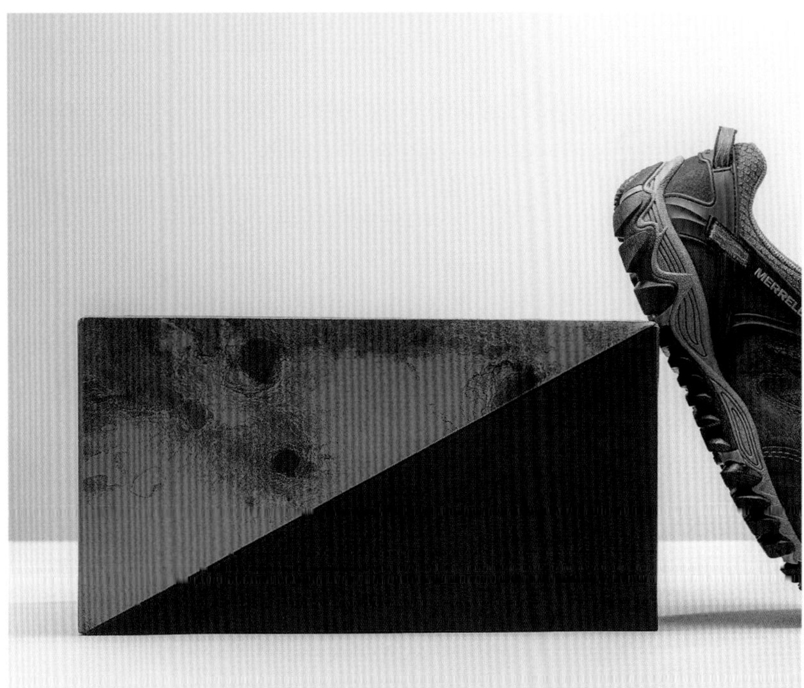
MERRELL

Barrick 长靴包装

设计师将奢华司机鞋及实用牛仔靴的款式细节融入到这款 Barrick 靴子的设计中，并为这款靴子增添了新的功能，最终设计出这款绒面内里、牛皮鞋面的户外运动鞋。

坚固的鞋子包装袋是用耐用的纯棉帆布搭配绒面皮带制成的，展现了一种城市牛仔风。抛光钢扣、D 型环和铆钉等元素打造出时尚粗犷的外观，同时增加了包装的耐用性。这款多功能包装内部不设其他隔层，将包装袋卷起后便可完成收纳。因此，使用者可以按照自己的意愿和需求来使用这款包装袋。除了可以携带鞋子之外，这款包装袋还可用作收纳饰品的小型旅行袋或挂在自行车或皮带上的功能包使用。

委托方
Adventure Sports

设计师
Diderik Severin Astrup Westby

材质
棉帆布、绒面皮革、抛光钢扣

尺寸
690mm x 480mm

完成时间
2015 年

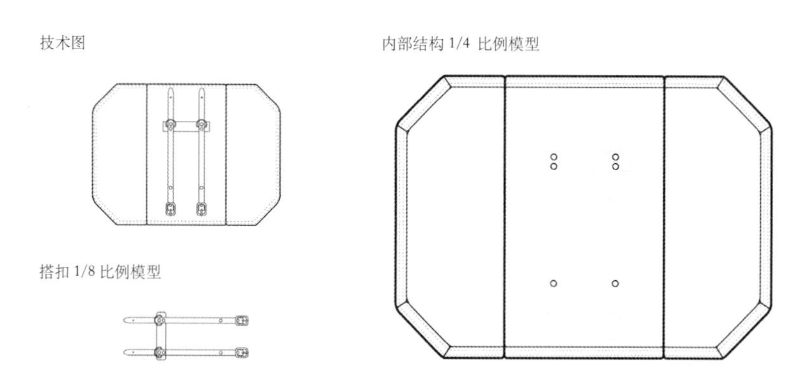

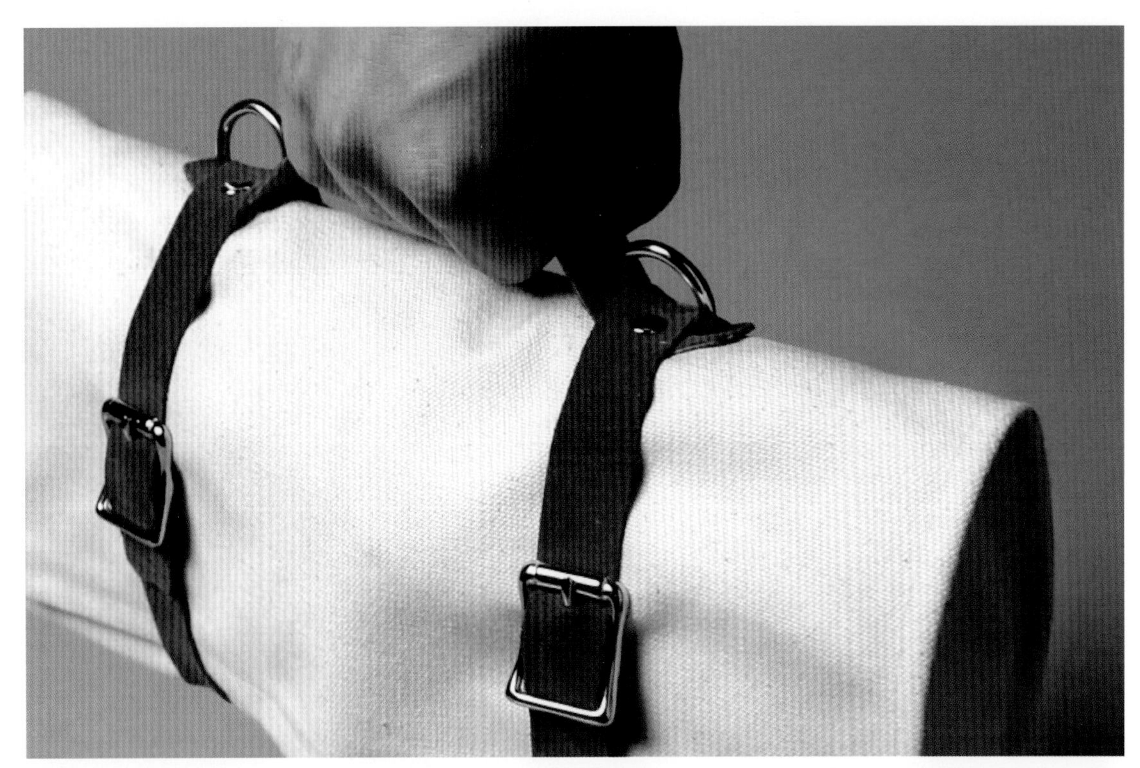

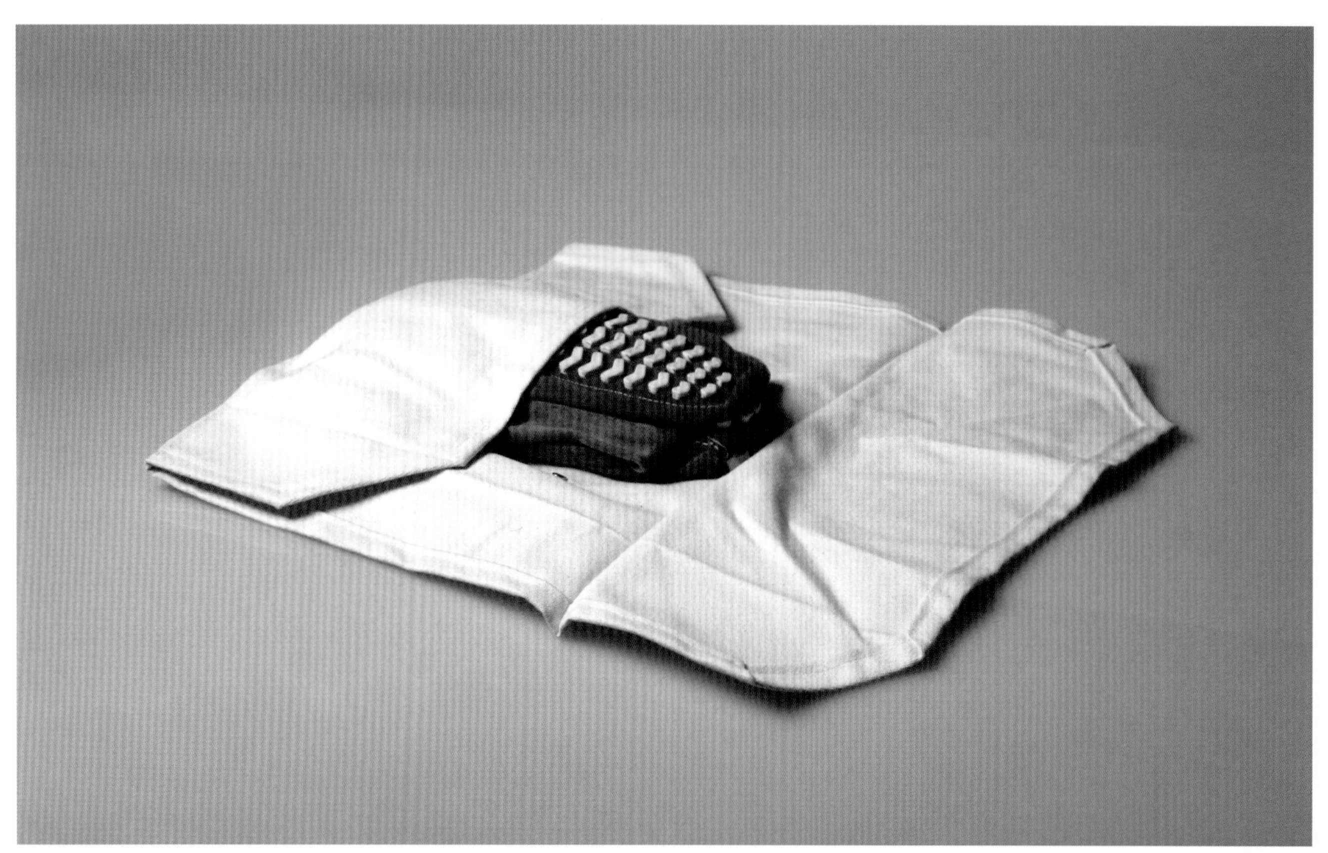

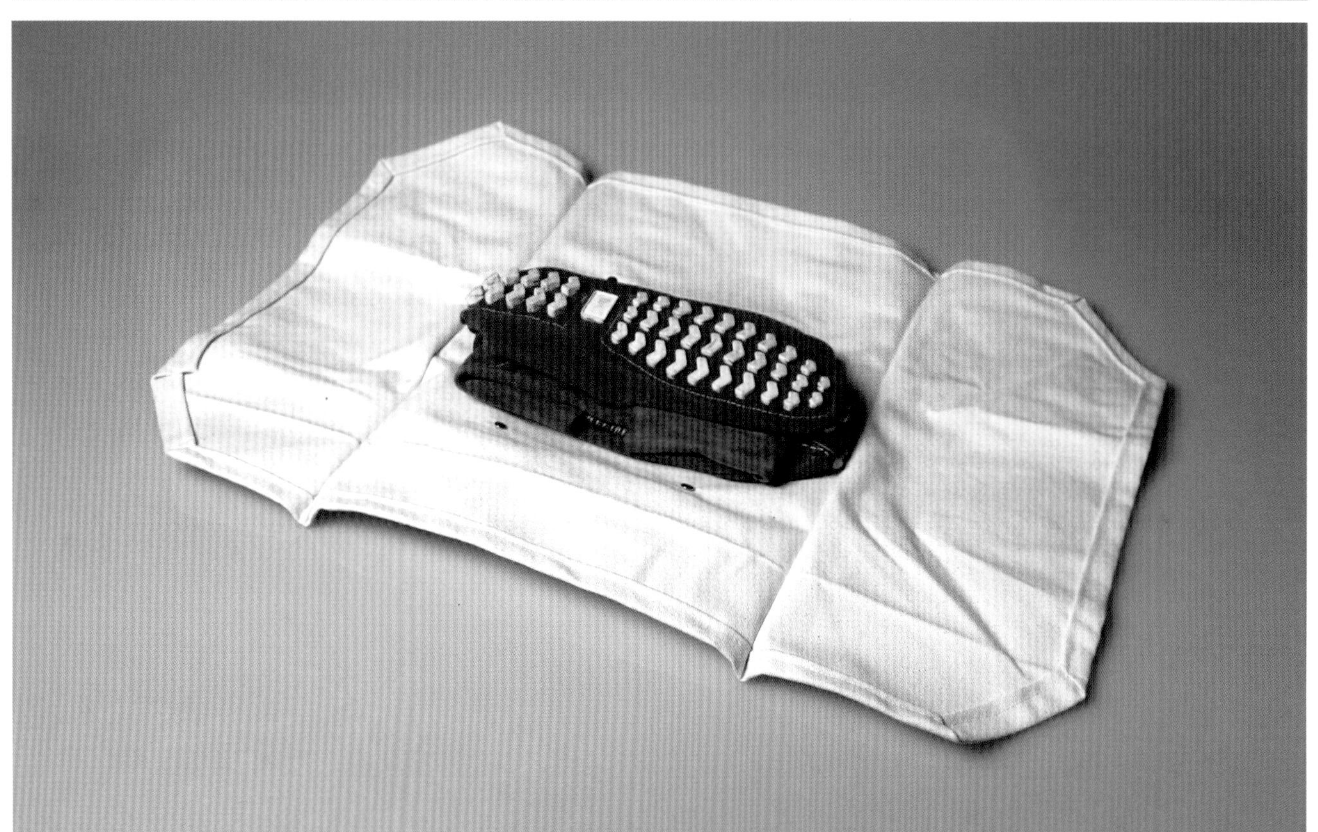

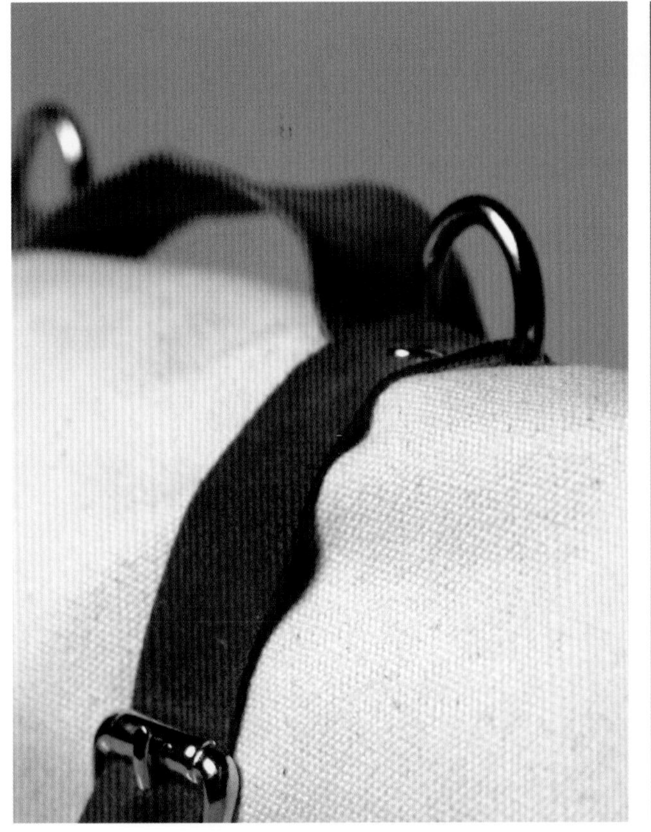
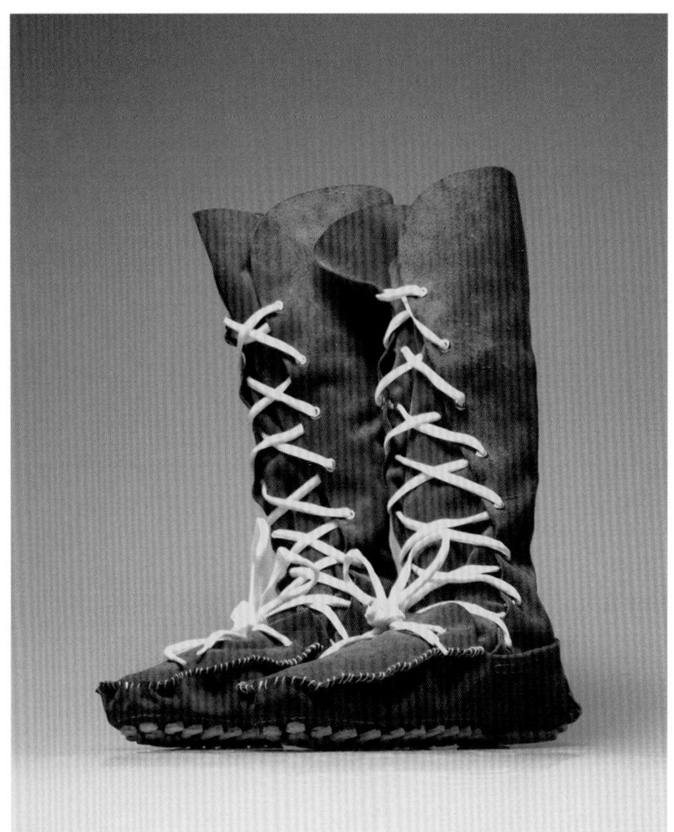
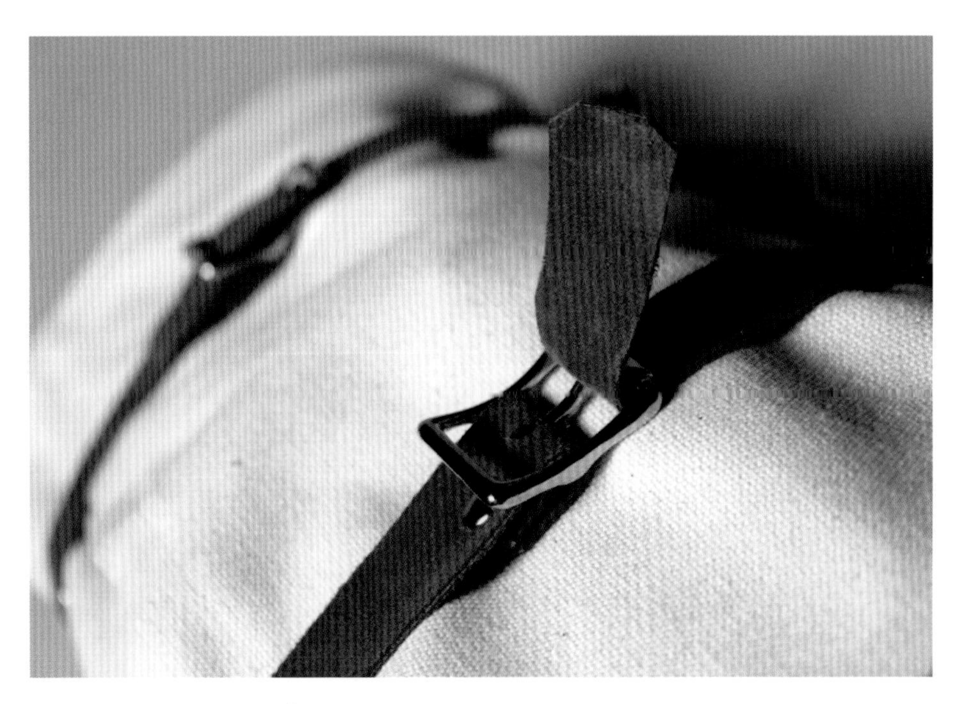

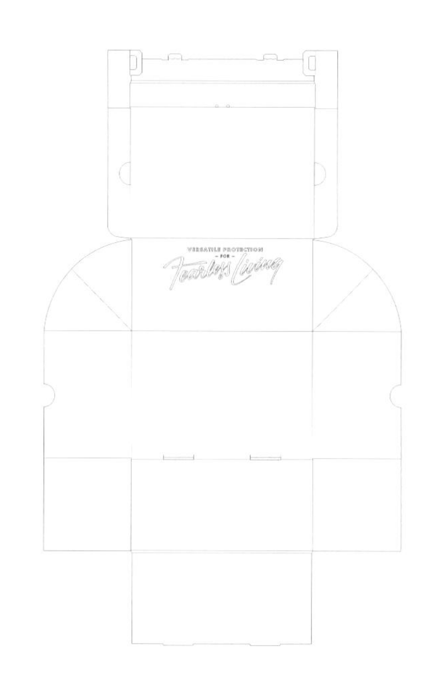

耐克包装设计

这款运动鞋是为应对雨雪天气和恶劣环境而设计的。购买这款运动鞋的消费者还会获赠一套清洁套装（刷子、清洁布、喷雾）。人们可以用清洁套装保养鞋子，延长鞋子的使用寿命。设计师希望设计一款可以在家中或是商店内展示的多功能包装，因而需要某种支撑结构来固定清洁工具，而不是简单地将它们丢进鞋盒，任由它们在鞋盒内翻滚。于是，设计师想出了一个办法——将折好的搁板作为支撑结构固定在盒盖内侧，这种设计既能固定清洁工具，又不会占用过多的鞋盒空间，实现了设计师的最初构想。

委托方
Sneakersnstuff, Nike

设计师
Mattias Lundin

材质
纸板

尺寸
160mm x 230mm x 330mm

完成时间
2015 年

VERSATILE PROTECTION FOR
Fearless Living
A SNEAKERSNSTUFF PROJECT
NIKE ZOOM TALARIA 2014

VERSATILE PROTECTION
– FOR –
Fearless Living

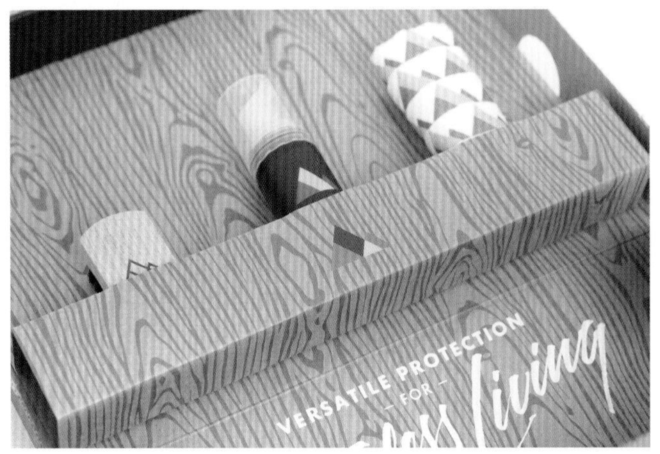
VERSATILE PROTECTION
– FOR –

INSTRUCTIONS

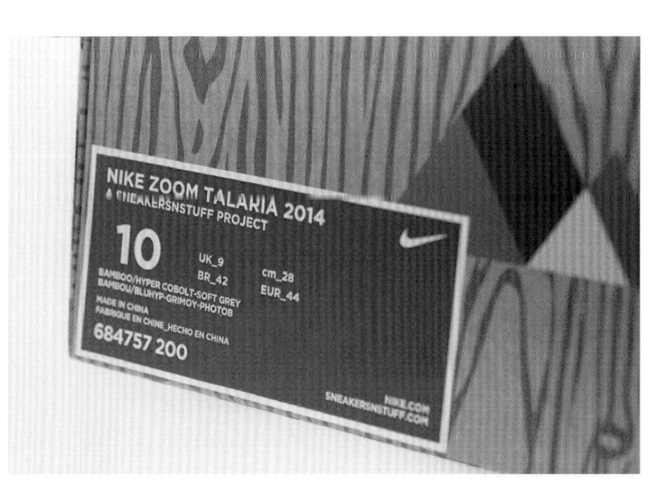
NIKE ZOOM TALARIA 2014
A SNEAKERSNSTUFF PROJECT
10
UK_9
BR_42
cm_28
EUR_44
BAMBOO/HYPER COBOLT-SOFT GREY
BAMBOU/BLUHYP-GRIMOY-PHOTOB
MADE IN CHINA
FABRIQUE EN CHINE_HECHO EN CHINA
684757 200
NIKE.COM
SNEAKERSNSTUFF.COM

彩色运动鞋包装

这是一款专门为西班牙品牌 Gioseppo 2015 春夏新款彩色运动鞋设计的包装。该项目的主要设计思想是对该品牌运动鞋的质地和颜色进行推广。Gioseppo 推出了九款不同颜色和质地的运动鞋，但却保留了运动鞋的时尚风格。这款包装是一个能够自动打开的盒子，可以将鞋子的外观和颜色完整地展现给消费者。消费者不仅可以看到自己购买的那款运动鞋，还可以看到该品牌旗下其他所有款式的运动鞋。

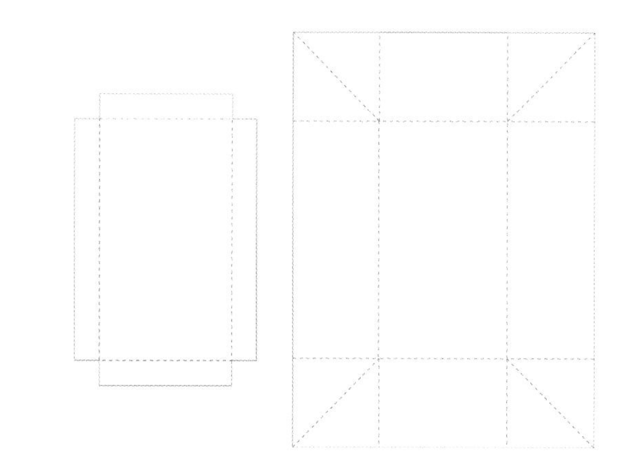

委托方
Gioseppo

尺寸
295mm x 185mm

设计师
Fran Berbegal

完成时间
2015 年

材质
回收纸箱

耐克运动鞋包装

耐克Hyperfeel运动鞋是模仿人类双脚的复杂机理而设计的。这款运动鞋的鞋底轻薄，穿着者可在奔跑时获得最佳的体验效果。采用滑板防滑材料制成的包装外层是该项目的一大亮点，可以让消费者在打开包装前感受到鞋子的特殊质感。每个包装上都印有一位接收者的名字。此外，包装内还装有一张定制的城市地图，地图上标出了多个变化的地形，消费者可以穿上 hyperfeel 运动鞋去那里感受鞋的性能。

委托方
Nike

设计机构
Marilyn & Sons

材质
防滑材料、纸板

尺寸
340mm x 130mm x 130mm

完成时间
2013 年

Underwear & Socks Packaging

贴身衣物篇

黑色三角包装

设计师的任务是设计出一款既可吸引消费者目光、又能强化公司市场地位的精巧包装。同时，这款包装是为方便产品在全球范围内运输而设计的。独特的三角型结构和外形尺寸适用于各种运输方式，人们可以轻松地将大量盒子堆叠在一个狭小的空间内。这款包装盒是用一张黑色厚卡纸折叠而成的，制作过程中无需使用曲别针和胶水固定。白色丝网印刷让产品标识变得更加醒目。走近一看，这个奇妙的黑色盒子只是一款用来装袜子和帽子的包装盒。

委托方 The Wonderful Socks	材质 卡纸
设计机构 ZUP Design	尺寸 620mm x 270mm
设计师 Andrea Medri	完成时间 2015 年

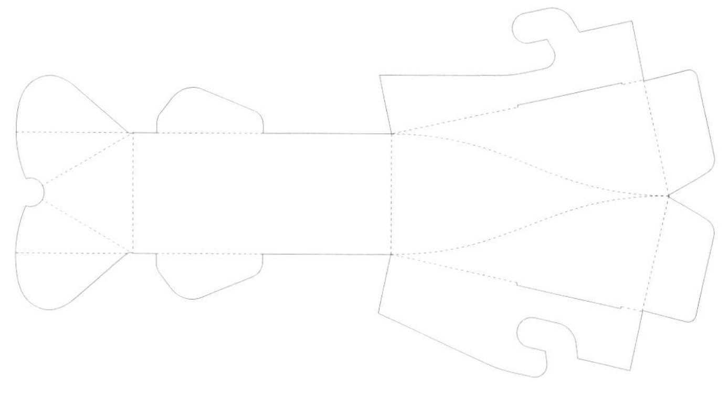

THEWONDERFULSOCKS

SOC 袜子包装

SOC 是一个来自日本的袜子品牌，其广告语是“灵感由脚而生”。这款包装的设计运用了日本的传统折纸艺术，顾客在不破坏包装的情况下便可将包装打开，看到包装内风格各异、大小不一的袜子产品。这款包装的外形简洁、美观，体现出 SOC 自身的品牌价值。

委托方
Old Fashioned Co., Ltd

尺寸
180mm x 350mm

设计师
Keiko Akatsuka

完成时间
2014 年

材质
白纸

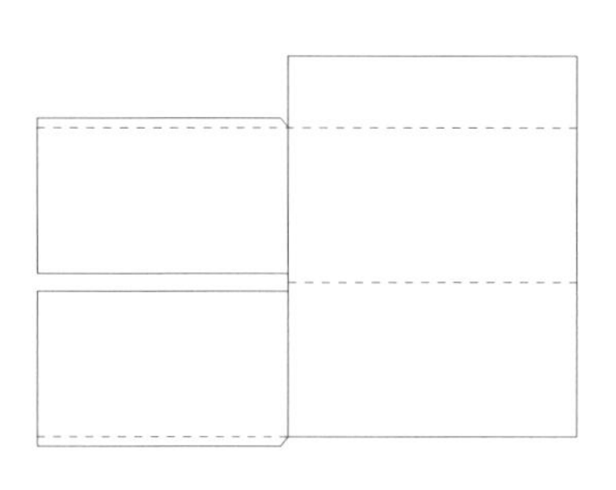

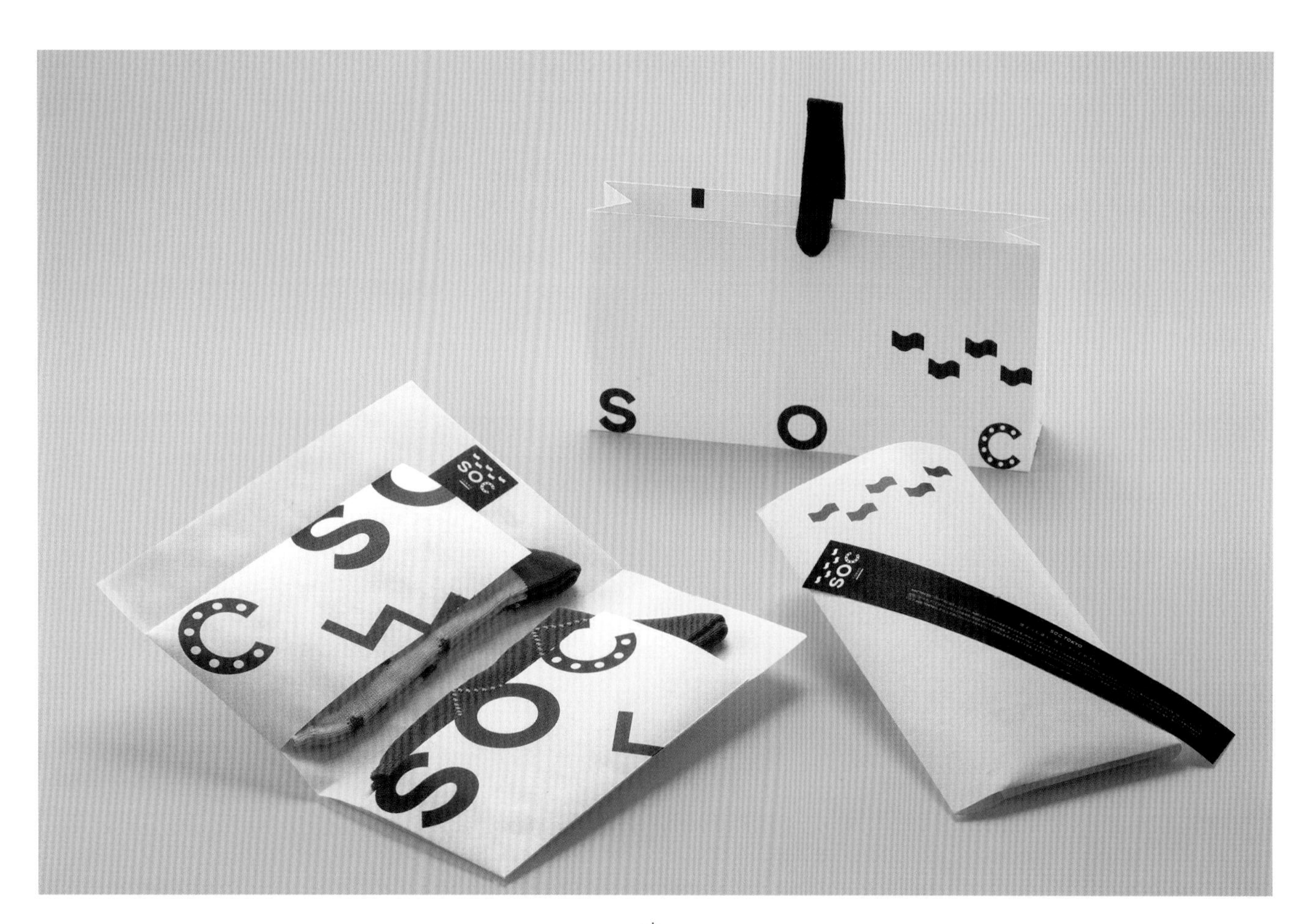

SOC
SOC
SOC TOKYO

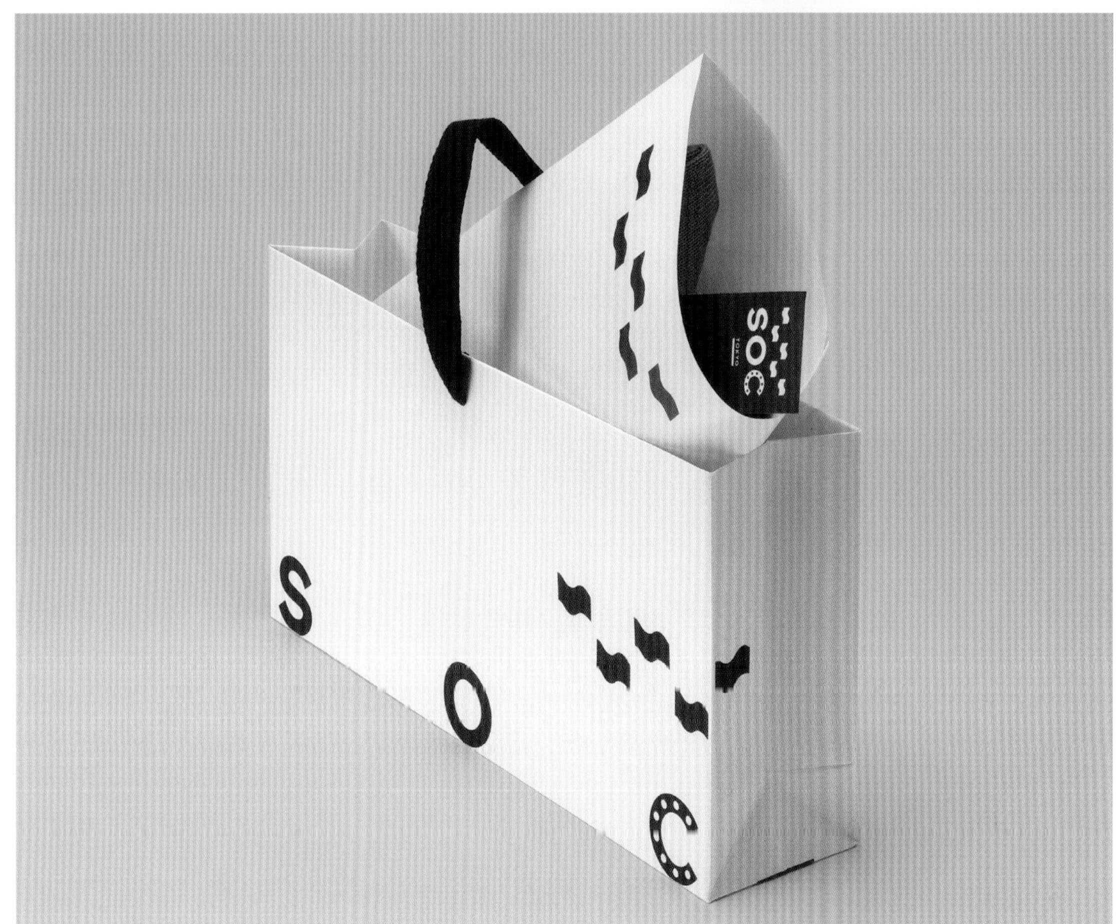
SOC
S
O
C

巧克力盒式袜子包装

这是一款情人节特别版包装。设计师从复古巧克力包装中获取灵感，制作了牛奶巧克力包装和黑巧克力包装两个版本。包装内有两种颜色的袜子，为了提升销量，设计师运用了一种新的纳米技术让袜子带有巧克力的味道。内层包装采用浮雕工艺制成，银色的外观样式凸显出了包装质感。这款包装设计深受女性消费者的喜爱。

委托方
Sockstaz

尺寸
275mm x 120mm

设计师
Eun Woo Kim

完成时间
2013 年

材质
铝、卡纸

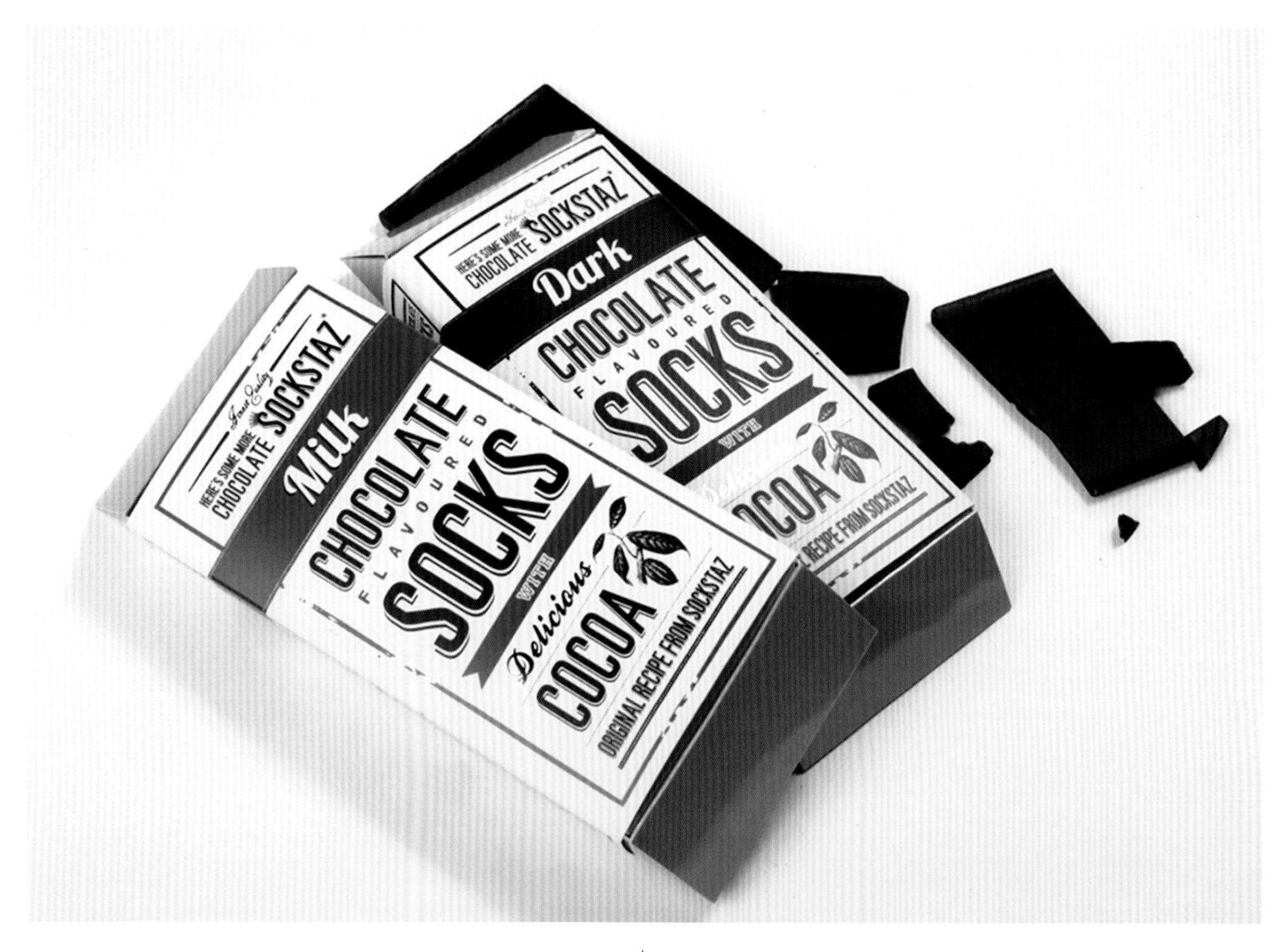

Etzel
Etzel
HERE'S SOME MORE
CHOCOLATE SOCKSTAZ
Dark
CHOCOLATE
FLAVOURED
SOCKS
WITH
Delicious
COCOA
ORIGINAL RECIPE FROM SOCKSTAZ
Dark
I ATE ALL YOUR
CHOCOLATE
SOCKSTAZ
HERE'S SOME MORE
CHOCOLATE

SOCKSTAZ
Dark
CHOCOLATE
FLAVOURED
SOCKS
WITH
Delicious
COCOA
ORIGINAL RECIPE FROM SOCKSTAZ
CHOCOLATE SOCKS COCOA

SOCKS
FLAVOURED
WITH
Delicious
COCOA
ORIGINAL RECIPE FROM SOCKSTAZ
Socks
CHOCOLATE
SOCKS
Delicious

Sockstaz 手包式包装

Sockstaz 的新包装于 2013 年投入使用。设计师有意使包装有别于现有的一般款式，因此从之前时尚界大受欢迎的手包造型中获取灵感。设计师采用塑料纸而非常规卡纸作为包装材料。包装有两种型号，均印有设计师的原创插图。这种包装使商品在袜业获取了更多的关注，并以其独特的外形和可爱的插图设计提高了产品的销量。那些注重设计的顾客也很喜欢这款包装。设计师用皮筋固定包装，色彩搭配也使总体设计变得更为完整和优雅。

委托方
Sockstaz

设计师
Eun Woo Kim

材质
塑料纸

尺寸
300mm x 150mm

完成时间
2013 年

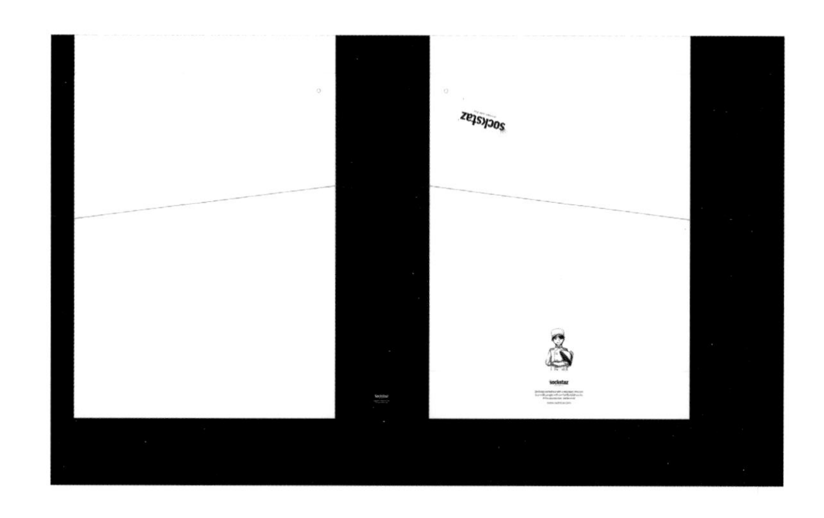

sockstaz
premium socks shop
sockstaz
premium socks shop
Thank you.
sockstaz
Etzel
Etzel

sockstaz

Undergarment 内衣包装

如果将各种内衣分别装在一个个的小盒子里，通常就会变得乱糟糟的。该项目是为便于消费者整理并按颜色对内衣分类而设计的包装。

包装必须采用标准外形，这样可以便于在商店或是家中的抽屉或是架子上摆放。因此，设计师决定以可以被最高效使用的三角作为内衣的包装形状。同时，包装设计也要考虑到消费者的购物体验。设计师们了解到，人们在购买服前，通常都要先感受一下衣料的质地。对于重视贴身舒适度的内衣来说尤其如此。包装采用分离式带盖设计：盒盖为透明磨砂，可以看到包装内产品的颜色，上面的开口让消费者无需打开盖子便能摸到里面的布料。

设计师
Martina Ferreira

尺寸
80mm x 100mm

材质
塑料

完成时间
2014 年

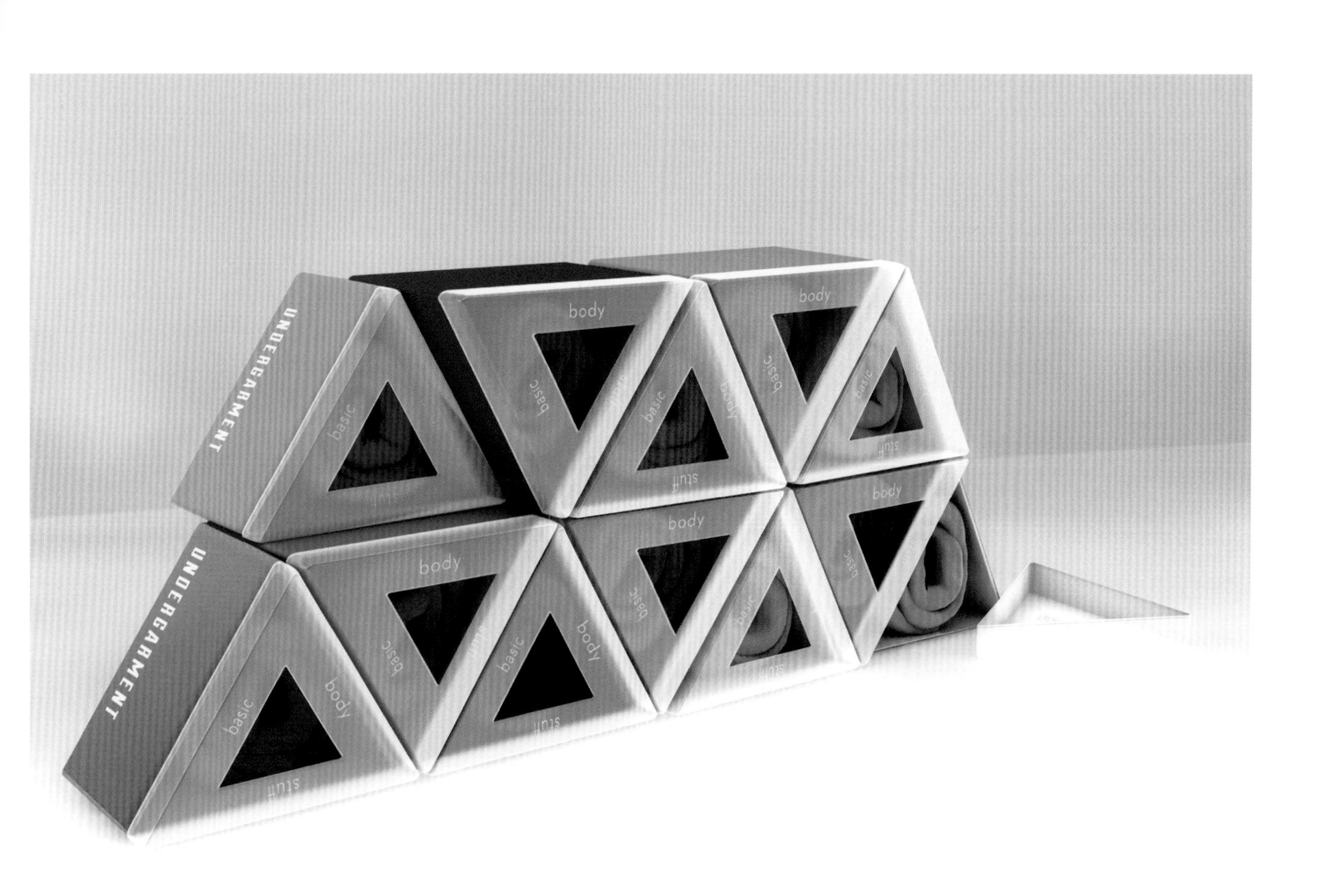
UNDERGARMENT
body
basic
stuff

UNDERGARMENT
basic
body
stuff

女式内裤包装

如某些杂志所说，从女人对内衣的喜好便可判断她的性格。那么，你是否敢彰显自己的个性呢？设计师们会建议消费者尝试“Oops Panties”品牌的内衣，因为该品牌内衣的设计灵感来源于纹身和玛丽莲梦露幽默的标志性图像。为了将这些想法具象化，他们开发了一款裙子样式的包装。包装以带按扣的布条固定，并采用不同的颜色来区分产品的类型。此外，内衣上纹身式样的印花也给产品带来一丝趣味和创意性。

设计师
Galya Akhmetzyanova, Pavla Chuykina

材质
布料、塑料

尺寸
62mm x 150mm

完成时间
2014 年

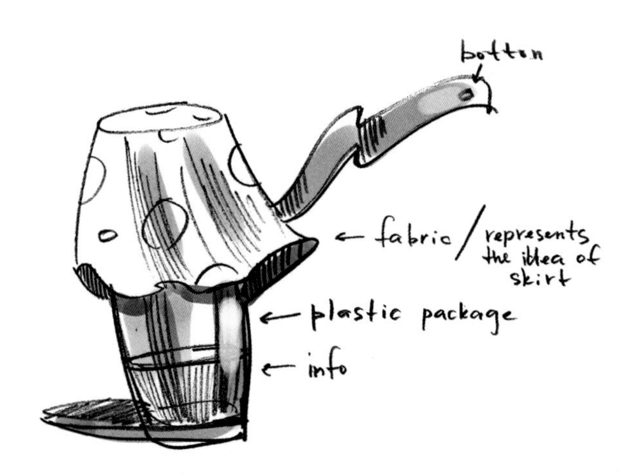

FOR FANCY LADIES
6 items
FANCY PANTS
HIGH-QUALITY COTTON PANTIES with unique TATTOO PRINTS ON THE BACK
HIPS INNER
94 S
BOSSY PANTS
SMALL
WASHING IN WARM WATER TEMPERATURE NOT OVER 40°C
SMART PANTS
BREATHABLE
Oops.
COTTON PANTIES
6 ITEMS

TOP
FABRIC
PLASTIC PACKAGING
BOTTOM

FOR FANCY LADIES
6 items
FANCY PANTS
HIGH-QUALITY COTTON PANTIES with unique TATTOO PRINTS ON THE BACK

SMALL
WASHING IN WARM WATER TEMPERATURE NOT OVER 40°C
Size HIPS INNER
90 94 98 102
XS S M L

BIM&BOM
PRODUCT COURTESY
AHOY, SEXY!
ELASTHAN • 5%
FOR BOSSY LADIES
BOSSY
HIGH-QUALITY COTTON PANTIES with unique TATTOO PRINTS ON THE BACK
3XL

Underwearables 包装设计

该品牌系列产品的包装在强调简约与气质的同时，也体现了传统的斯堪的纳维亚设计的特点。该品牌总部位于哥本哈根，一个以新古典主义建筑和标志性设计而闻名的城市，对包装设计有着重要的影响。这次的设计要在适用于任何季节的古典风格基础上，开发出更现代的样式。将黑色、白色、裸色三种单色块与古典版式相结合，用诗意的口吻向全世界追求品质的消费者传递了该品牌简约而深邃的“诗意的极简主义”。

委托方
Underwearables

尺寸
160mm x 250mm

设计机构
Spread Studio

完成时间
2014 年

材质
纸板

underwearables
UNDERWEARABLES
TO
WITH COMPLIMENTS FROM
UNDERWEARABLES.COM
the tank
underwearables

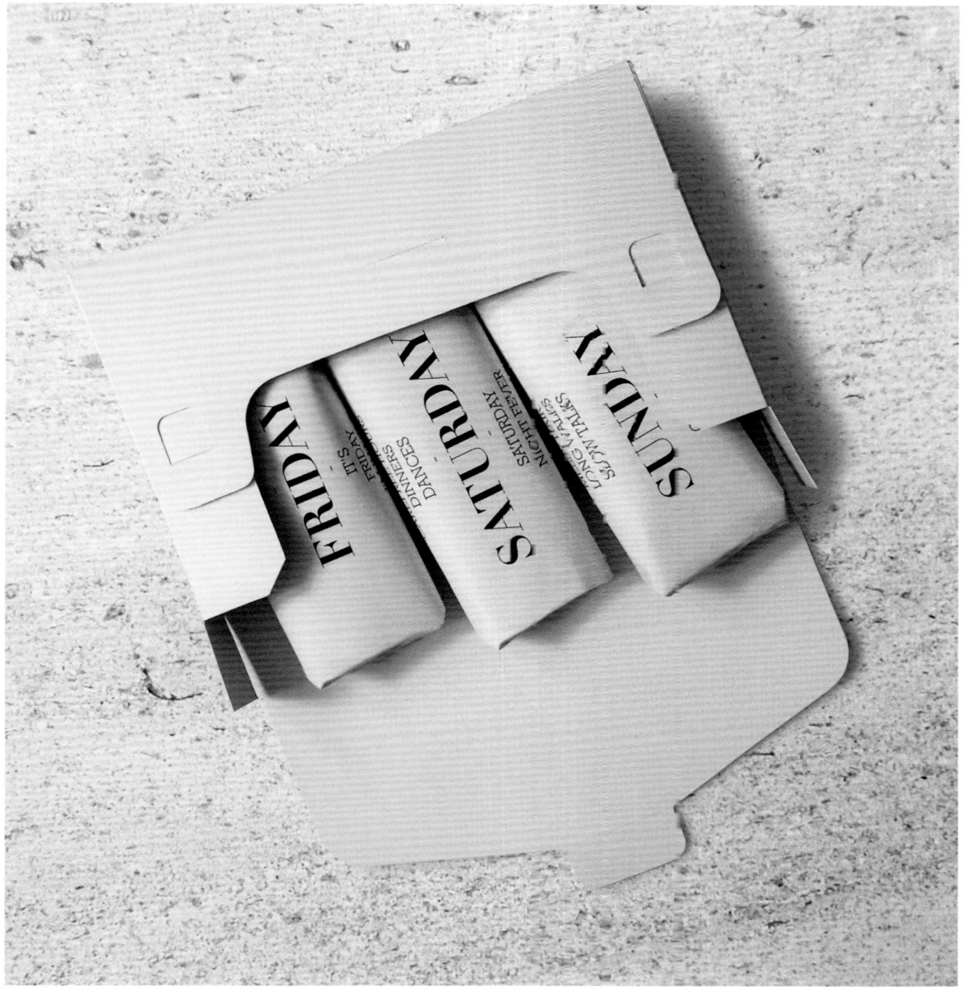
FRIDAY
IT'S
FRIDAY
DINNERS
DANCES
SATURDAY
SATURDAY
NIGHT FEVER
LONG WALKS
SLOW TALKS
SUNDAY

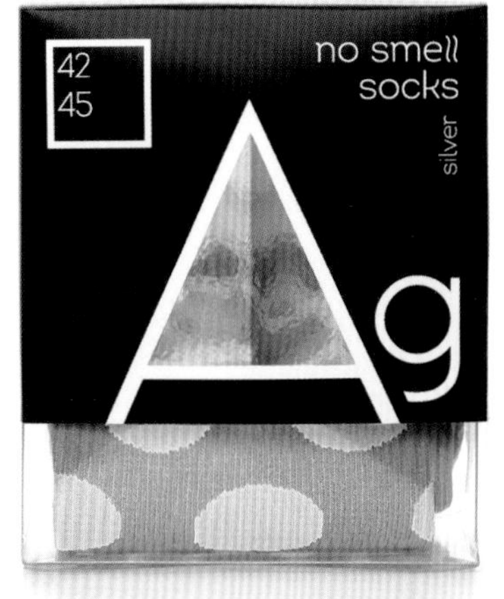

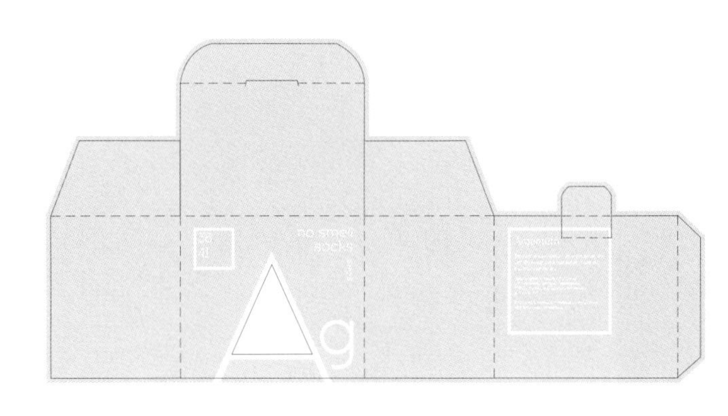

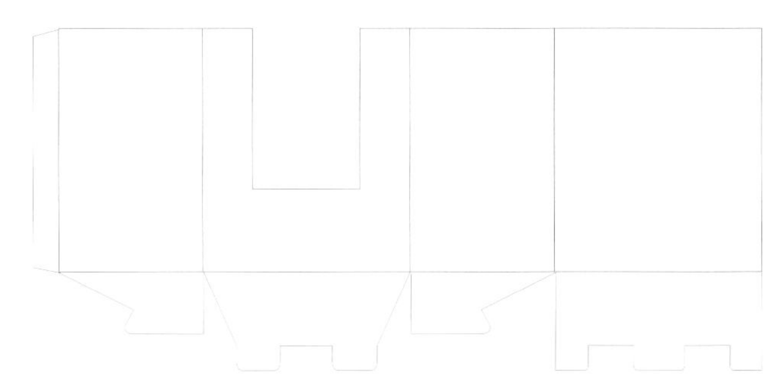

Argentum 袜子包装

Art of Socks 公司正在为含有抗菌银纱的特殊除味袜子这一新产品寻找品牌创意。设计公司意图打造的是一种矛盾的概念：他们以元素周期表为设计灵感，利用其中一个化学元素 Ag 为图形蓝本，给人一种科学严谨的感觉；这个图形同时能吸引购买者不自觉地产生想要闻一下袜子味道的想法，尽管这款袜子本身并没有任何味道，既可笑又有趣。设计师提出为这款"灰色"袜子系列设计一款渐变的亮色包装，让袜子看起来更有创意。该系列推出后大受欢迎，除最初的"灰色"袜子系列之外，该公司还推出了一款带有花纹的彩色袜子产品。

委托方
Art of Socks Ltd.

设计机构
Svoe Mnenie

合作者
Andrey Kugaevskikh（创意总监），Maria Solyankina（设计师）

材质
纸板

尺寸
100mm x 110mm x 70mm

完成时间
2014 年

42
45
no smell
socks
silver
Ag

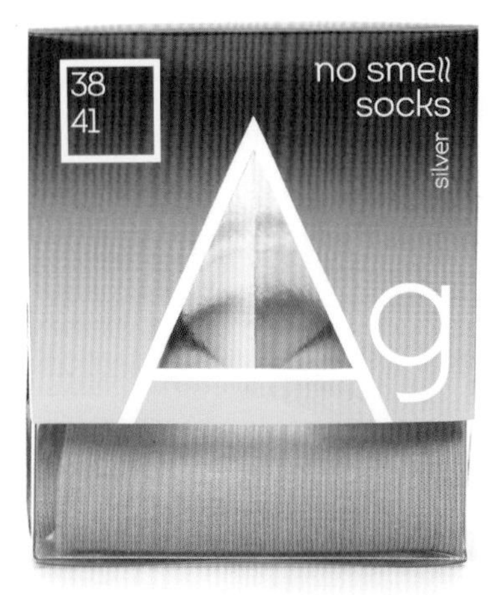
38
41
no smell
socks
silver
Ag

42
45
no smell
socks
silver
Ag

38
41
no smell
socks
silver
Ag

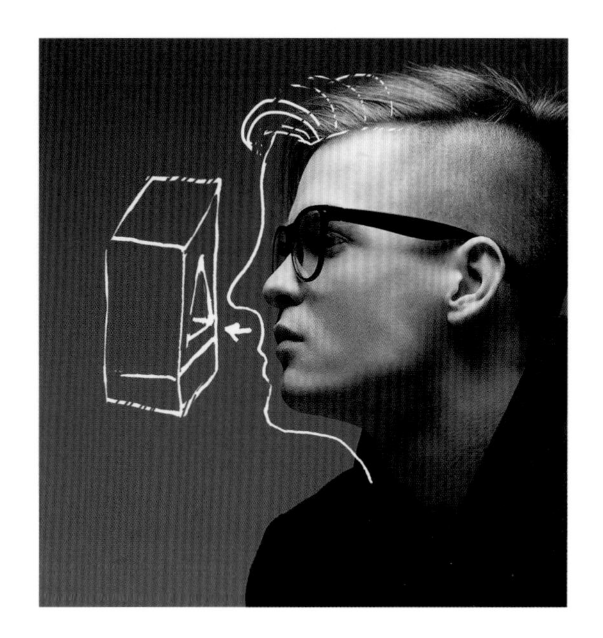

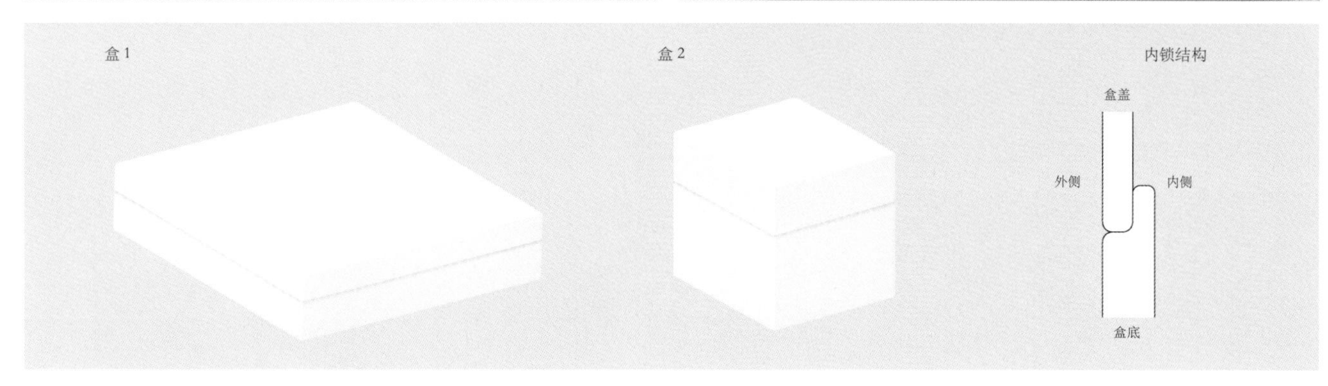

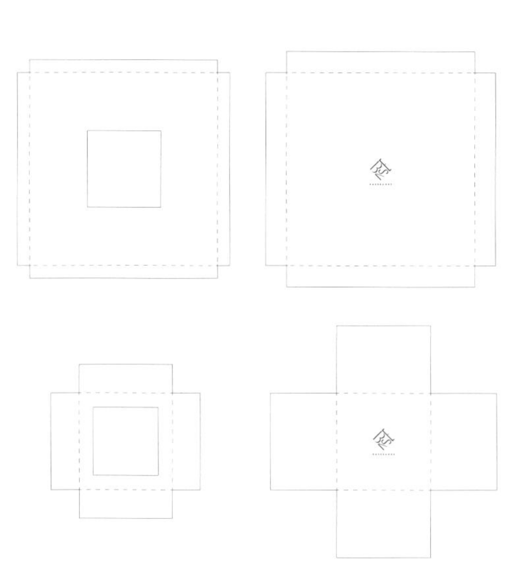

Baserange 包装盒

Baserange 是一个法国图卢兹和丹麦哥本哈根合作打造的女装品牌，主打季节性服饰产品和内衣产品。在对该品牌的包装进行设计时，设计师希望采用一种不易过时的视觉语言形式。设计师借鉴 20 世纪 80 年代的日本标识设计出该品牌的商标，将“BASE”是四个字母打乱重排，让其兼具装饰性与功能性。

设计师希望让整个包装看起来只利用了老式打字机这一个工具，但却能营造出现代时尚的感觉。这款包装设计精巧、随意，还带有一些地域性特点，这些特点都是设计师从该品牌的系列产品中借鉴而来的。

委托方
Baserange

设计师
Michael Thorsby

材质
3D 浮雕卡片、卡纸

尺寸
228mm x 228mm x 40mm,
114mm x 114mm x 144mm

完成时间
2016 年

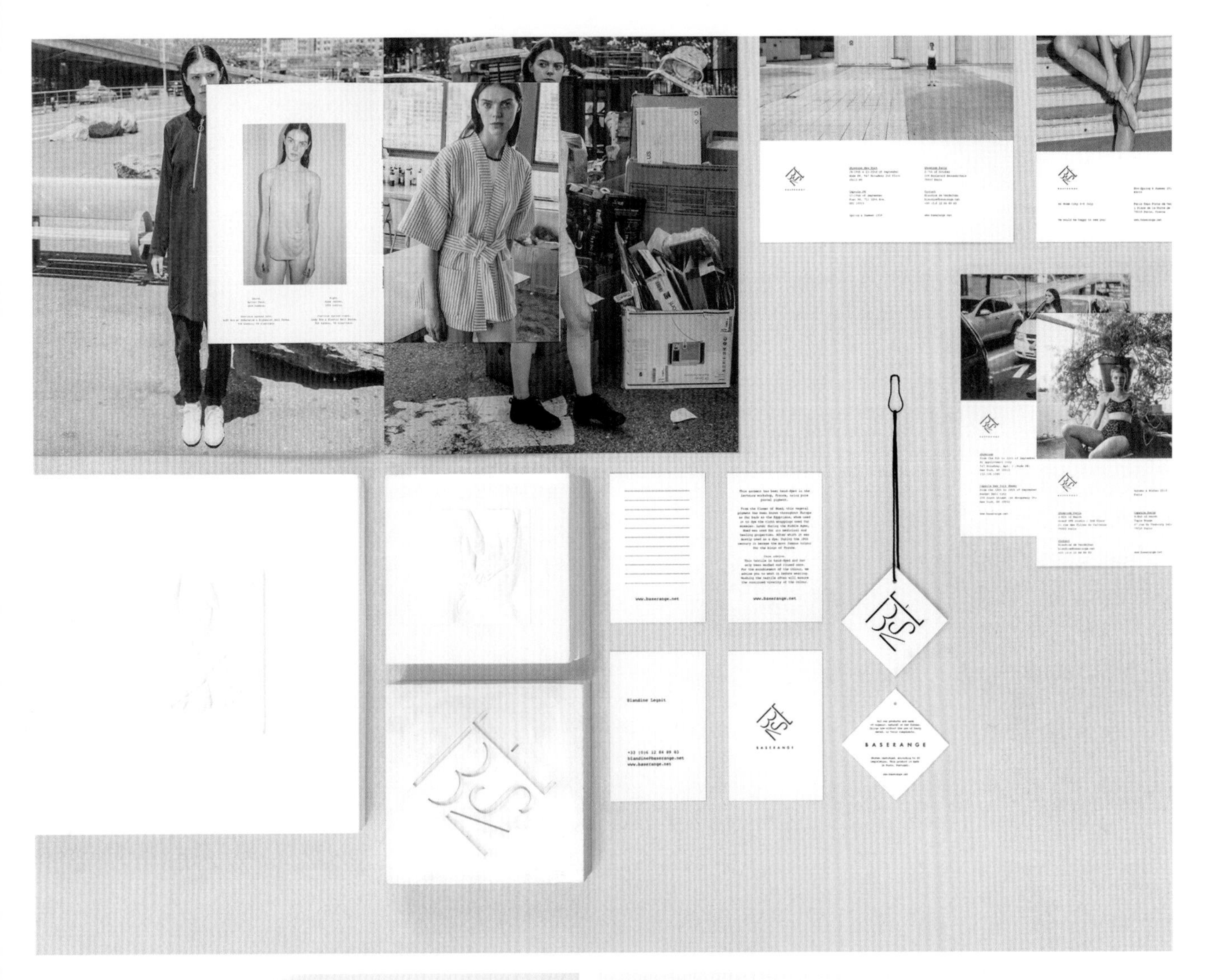
www.baserange.net
www.baserange.net
Blandine Legait
www.baserange.net
BASERANGE
BASERANGE

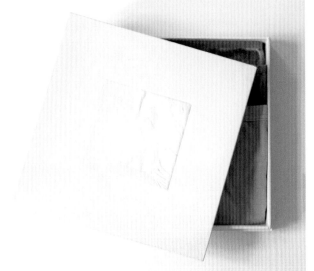

迷你婴儿服饰包装

Mini 2 Mini是设计师虚拟的一个援助组织，该组织用其在欧洲发达国家销售婴儿产品赚取的利润帮助非洲发展中国家的儿童。其品牌重点是打造精心设计的高品质产品。

这款包装设计走的是简洁干净的中性风，吸引了众多人的目光。明黄色象征着该组织帮助非洲儿童的善举，而这种明黄色也是男女宝宝通用的颜色，非常适用于这类产品。设计师将品牌名添加到包装盒的设计中，包装盒外部的插图和内部的图案上绘有多种不同写法的数字2，同时象征着该品牌的产品给世界各地的儿童带来了帮助。

设计师
Sara Petersson

尺寸
110mm x 110mm x 25mm

材质
255克白卡板、黄棉纸

完成时间
2014年

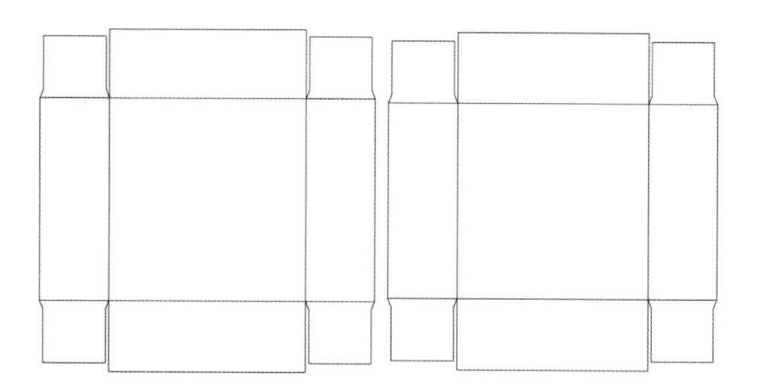

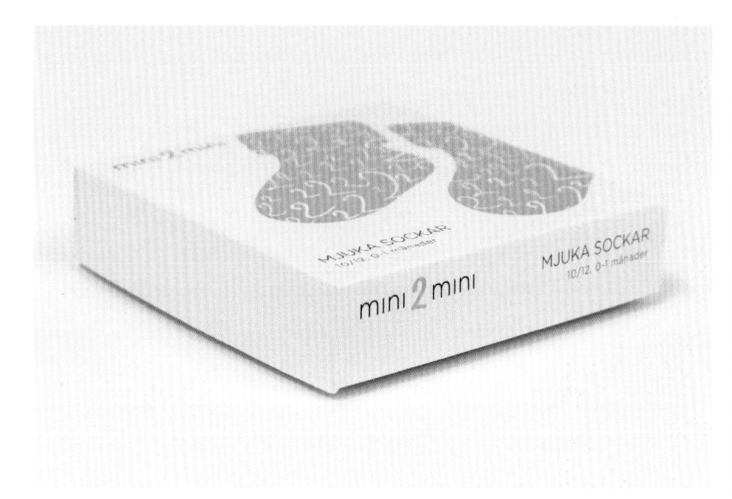
MJUKA SOCKAR
10/12. 0-1 månader
mini 2 mini

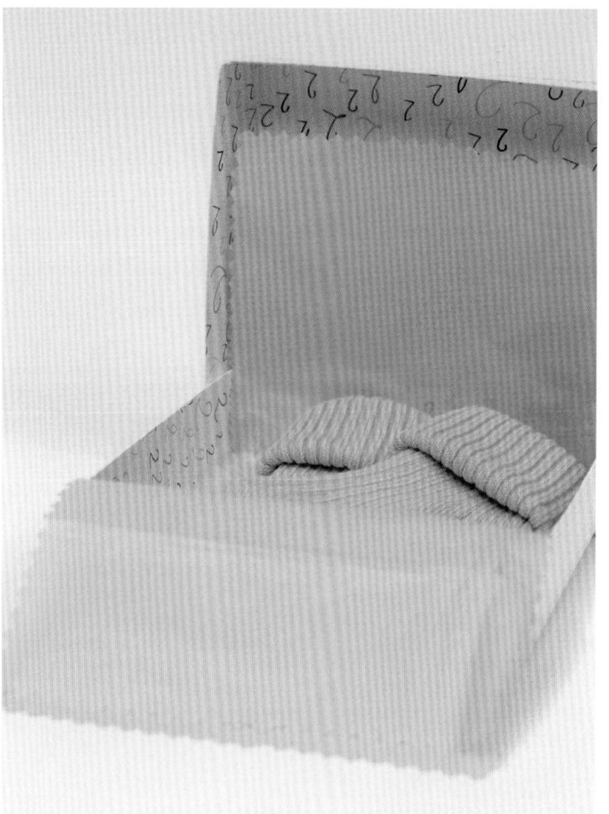

mini 2 mini
TRÄPUSSEL
Från 1 år
mini 2 mini
TRÄPUSSEL

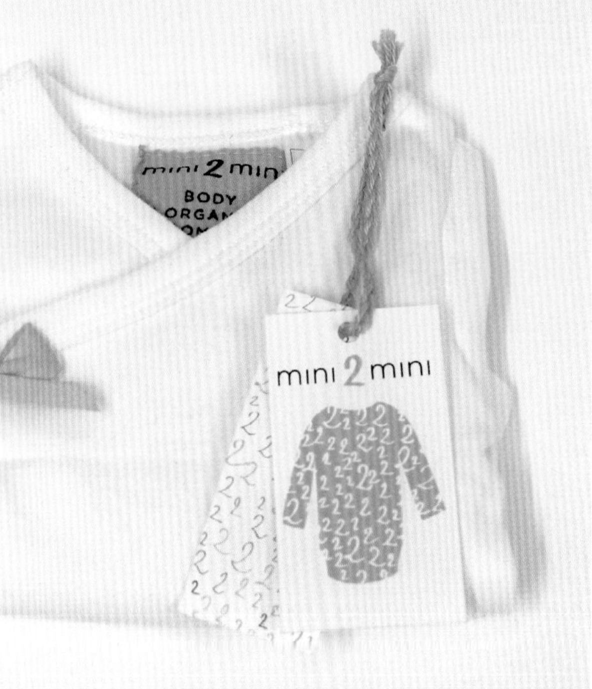
mini 2 mini
BODY
mini 2 mini

B.shi 品牌包装

B.shi 是一个墨西哥的男士内裤品牌，其设计灵感来源于墨西哥索诺拉省的塞里部落。B.shi 在当地的俚语中意为赤身裸体。该品牌的平面设计灵感来源于塞里部落仪式上的装饰和色彩。设计公司根据该品牌设计理念设计了信封式包装和高弹内裤产品。这款产品包装非常轻薄、适于运输，而且，在不拆开包装的情况下也能看到包装内的产品。

委托方
B.shi

尺寸
200mm x 150mm

设计机构
Nómada Design Studio

完成时间
2013 年

材质
牛皮纸

公益性宣传包装

这款限量版泳装包装是为推动保护乳房基金会的无毒革命运动而设计的，这项运动旨在告诫年轻人远离致癌化学物质。这款包装的设计灵感来源于这个组织的标识图案——两个重叠的心合并在一起，设计师利用这个模型设计了一个代表女性体型的全方位展示板，展示板上挂有一套比基尼产品。展示板上的图案融入了无毒革命运动中出现的图形元素。这款包装的外观好似一顶帐篷，可以对产品进行全方位展示。包装正面是与活动有关的信息，背面印有一个二维码，可以给人们带来互动体验。这款包装采用环保、可回收和可降解材料制成，恰好符合无毒革命运动的理念和目标。

设计师
Jessie Michelle Smith-Walters

材质
纸板

尺寸
356mm x 406mm

完成时间
2014 年

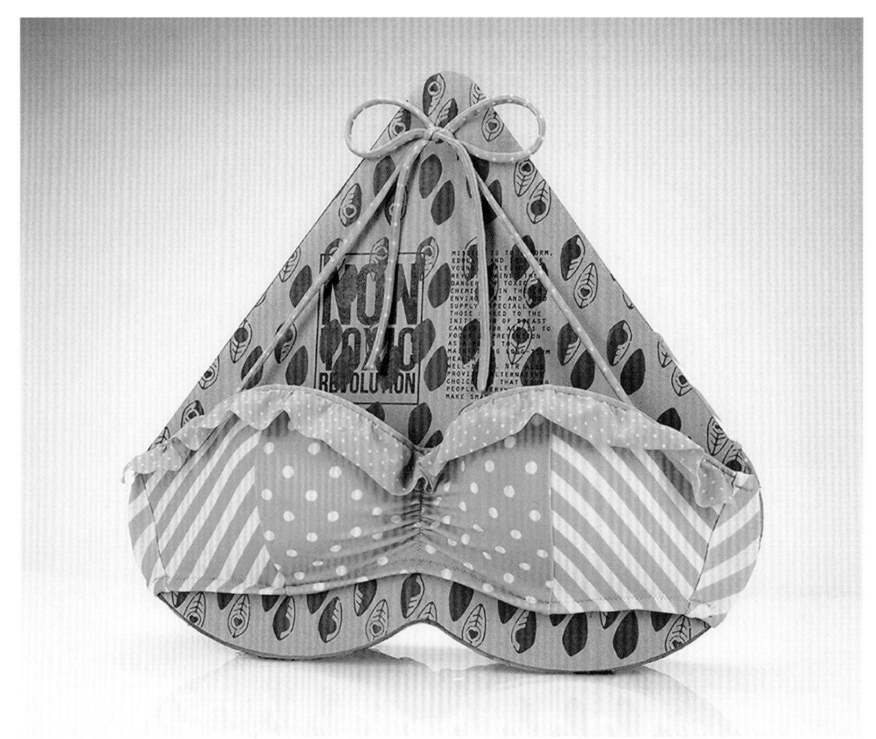

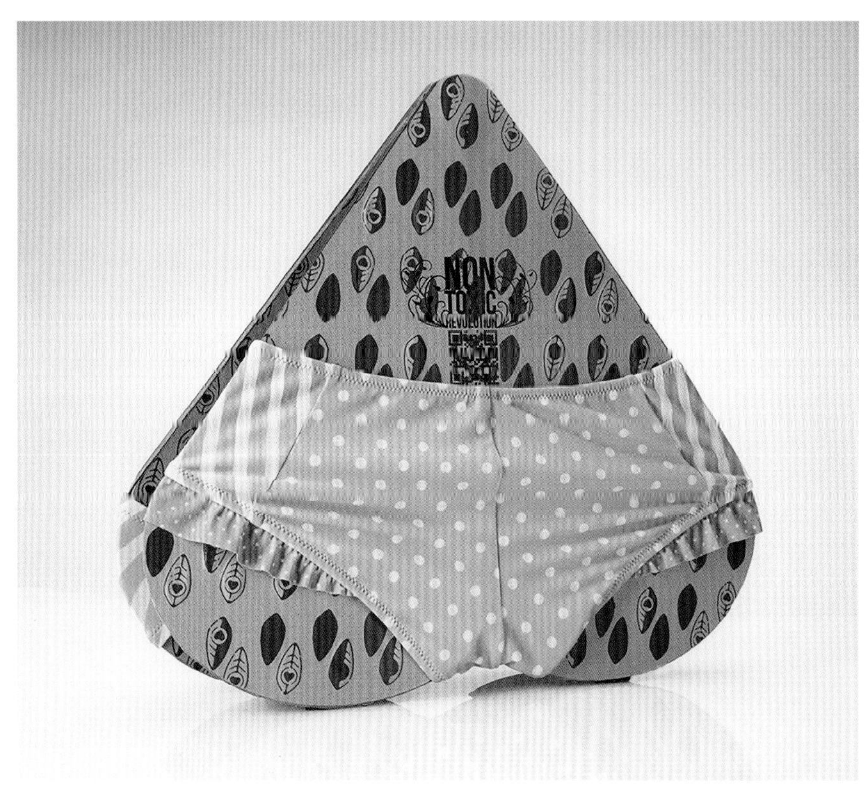

ABOUT 内衣包装

ABOUT 内衣包装的干净卫生的形象体现了该品牌产品的理念。它是一个波罗的海的内衣品牌，是专门为那些追求实用性、美观性和舒适度并存的消费者而设计的。这种健康舒适的设计还能带领消费者去体验产品的亲肤感，洁简的图案设计正体现了该品牌的产品特性。产品线按照包装上的图形颜色进行划分，这使得整体概念看起来更加一致、富有条理。内衣产品直接接触我们的皮肤，而浅颜色的包装可以让我们感到更加的柔和、舒适。

委托方
ABOUT—Baltic Underwear

设计机构
Ai-Du Branding Studio

设计师
Aidas Urbelis

材质
层压纸

尺寸
150mm x 120mm x 60mm

完成时间
2013 年

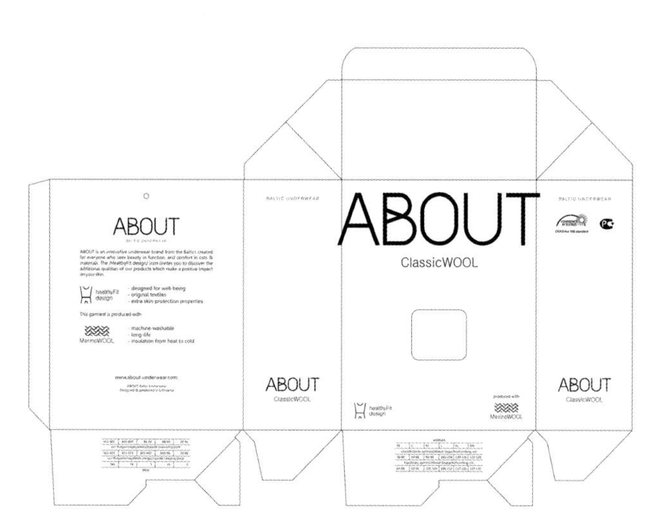

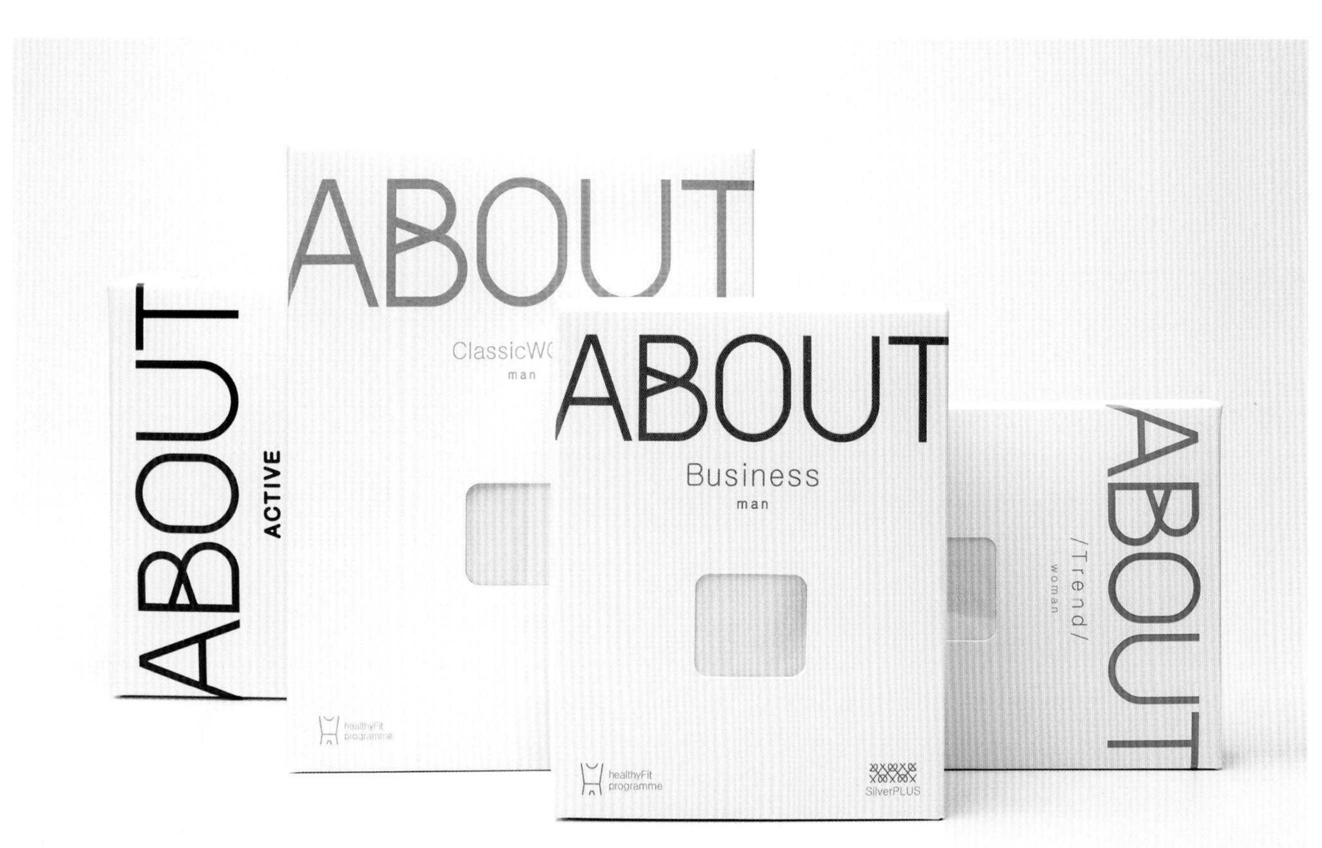

ABOUT
sense
woman
healthyFit
programme
SilkPROTEINS

ABOUT
/Trend/
woman
healthyFit
programme
AloeVERA

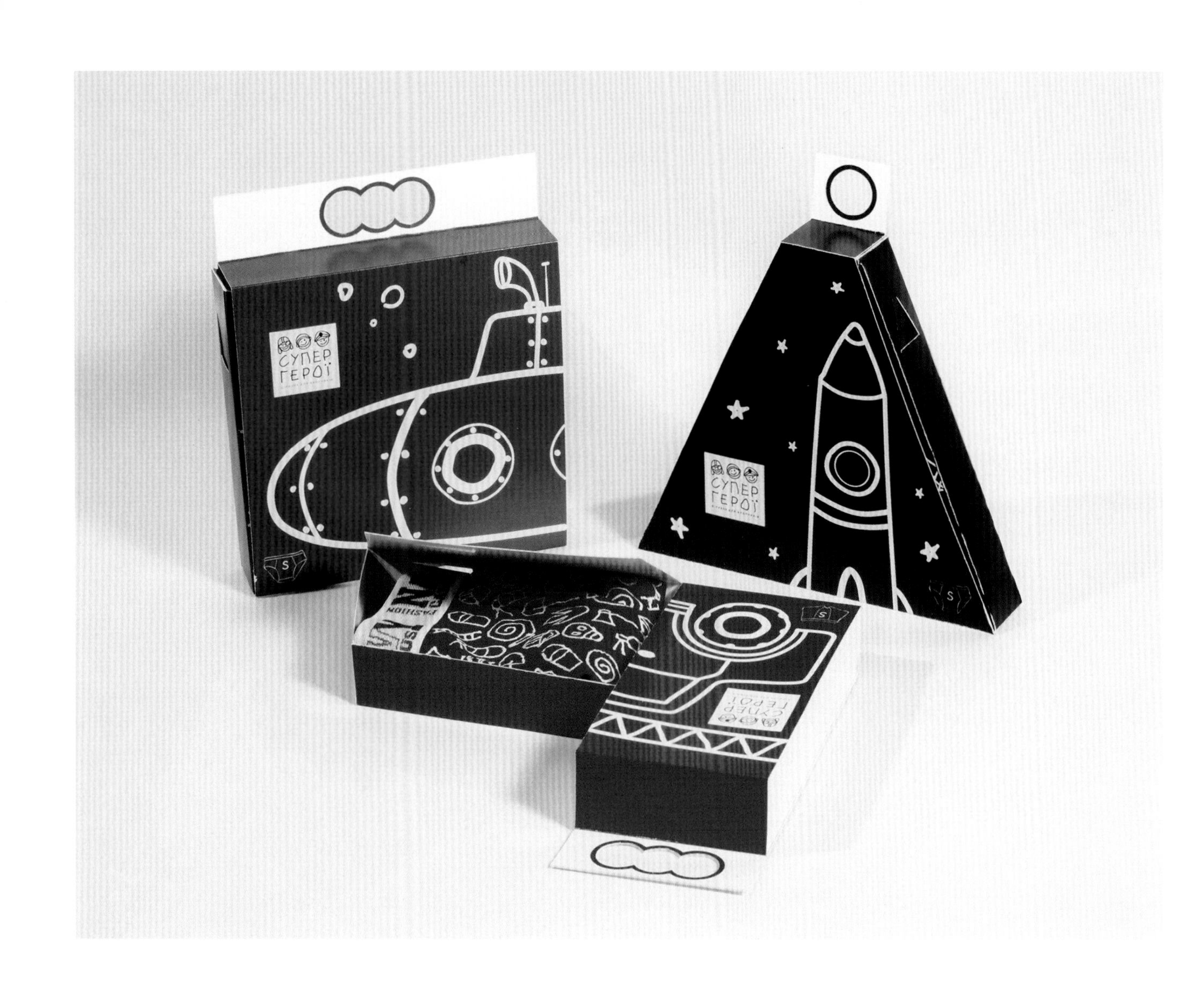

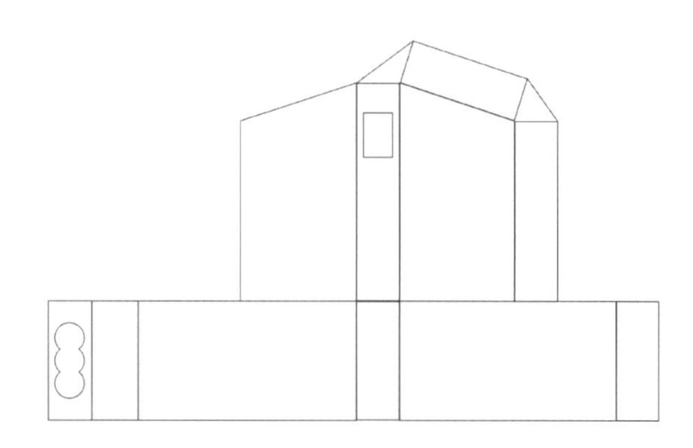

儿童服装包装盒

这个为儿童服装设计的包装有三个包装盒，均用卡纸制成。另外每个盒子里都有几张薄板，将多个商品一一隔开。多数孩子都会有一个成为宇航员、消防员或是潜水员的梦想,因此，设计师在三个包装上分别绘制了宇航员、消防员和潜水员主题的儿童简笔画。此外，三款包装上还设有拎手和方便开启包装的卡槽。

委托方
Children's Clothing Store

设计师
Alona Zdorova

材质
卡纸

尺寸
150mm x 150mm,
180mm x 160mm,
150mm x 80mm

完成时间
2013 年

СУПЕР
ГЕРОЇ
S

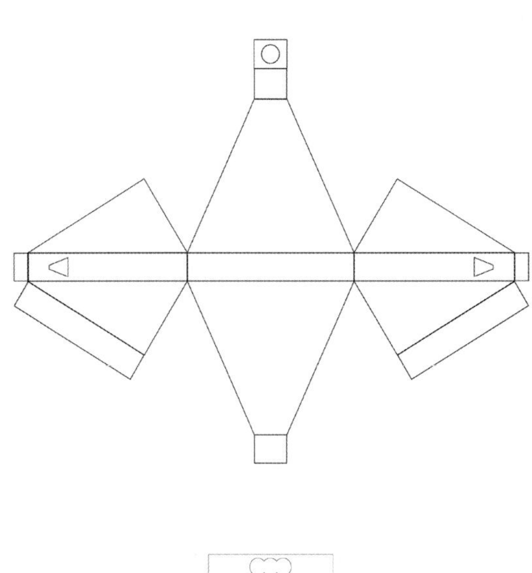

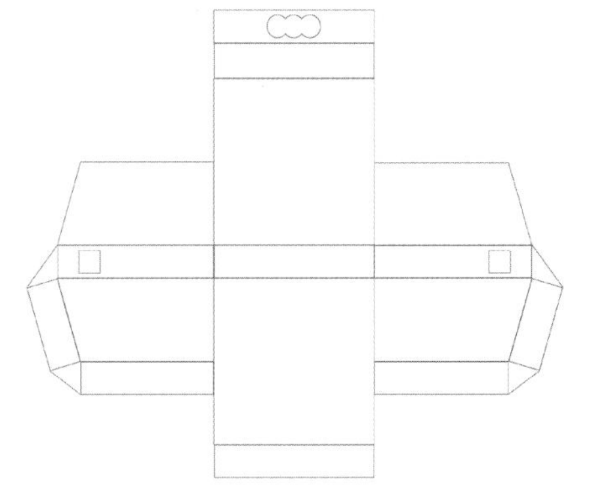

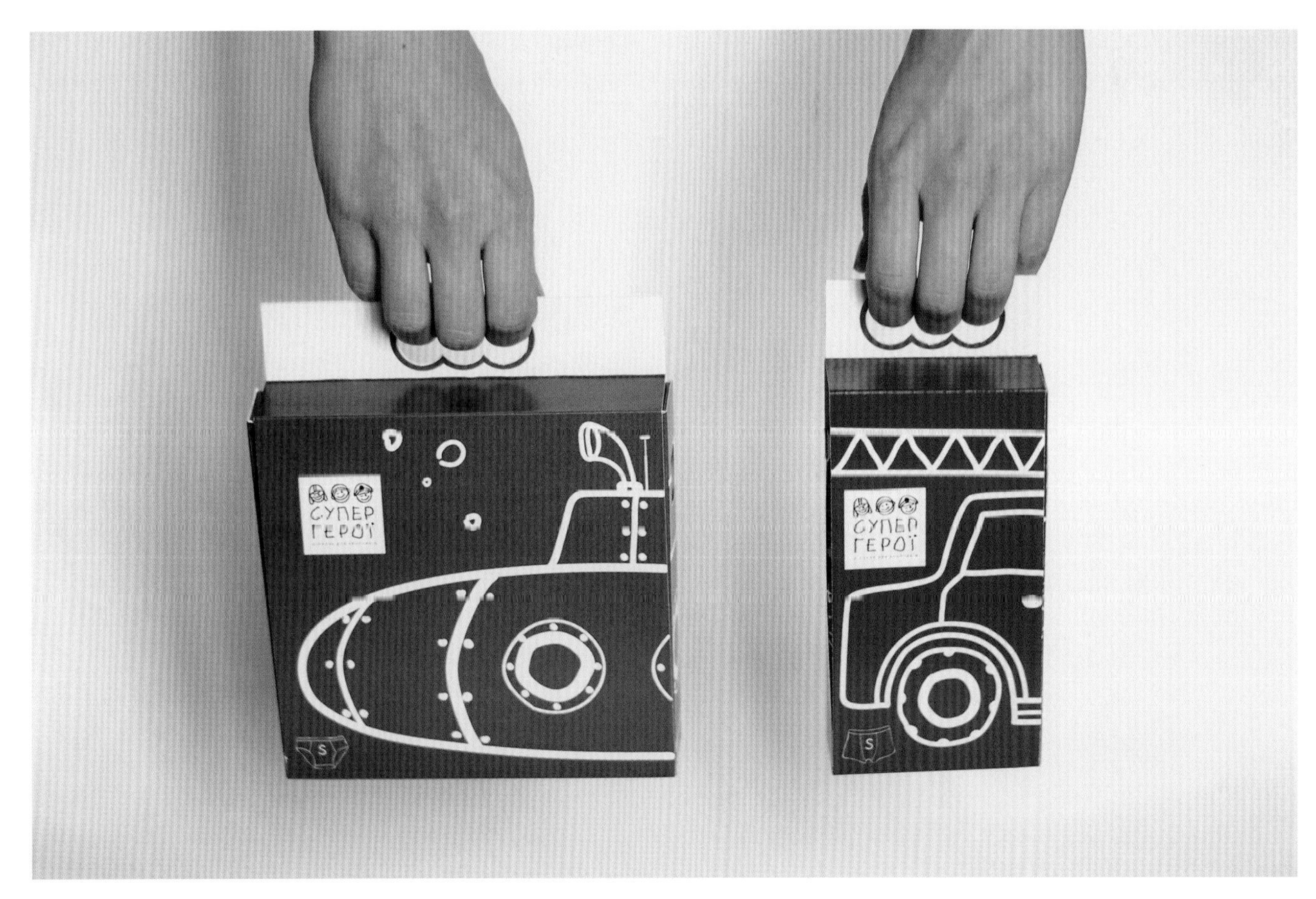
СУПЕР
ГЕРОЇ
S

袜子礼品包装

在韩国，每逢佳节要带礼物回家，袜子便是一个不错的选择，因为每位家庭成员都有穿袜子的需要。设计师用丝绸将礼物包裹起来，这种独特的面料包装不仅体现出东方特性，在拆开礼物后还可用作手帕使用。这也是设计师对丝绸质量倍加关注的原因。这款包装里还有一张明信片，上面的图案灵感来源于月亮。高品质的标签也反映出了商店产品的特点。

委托方
Sockstaz

设计师
Eun Woo Kim

材质
布料

尺寸
275mm x 120mm

完成时间
2014 年

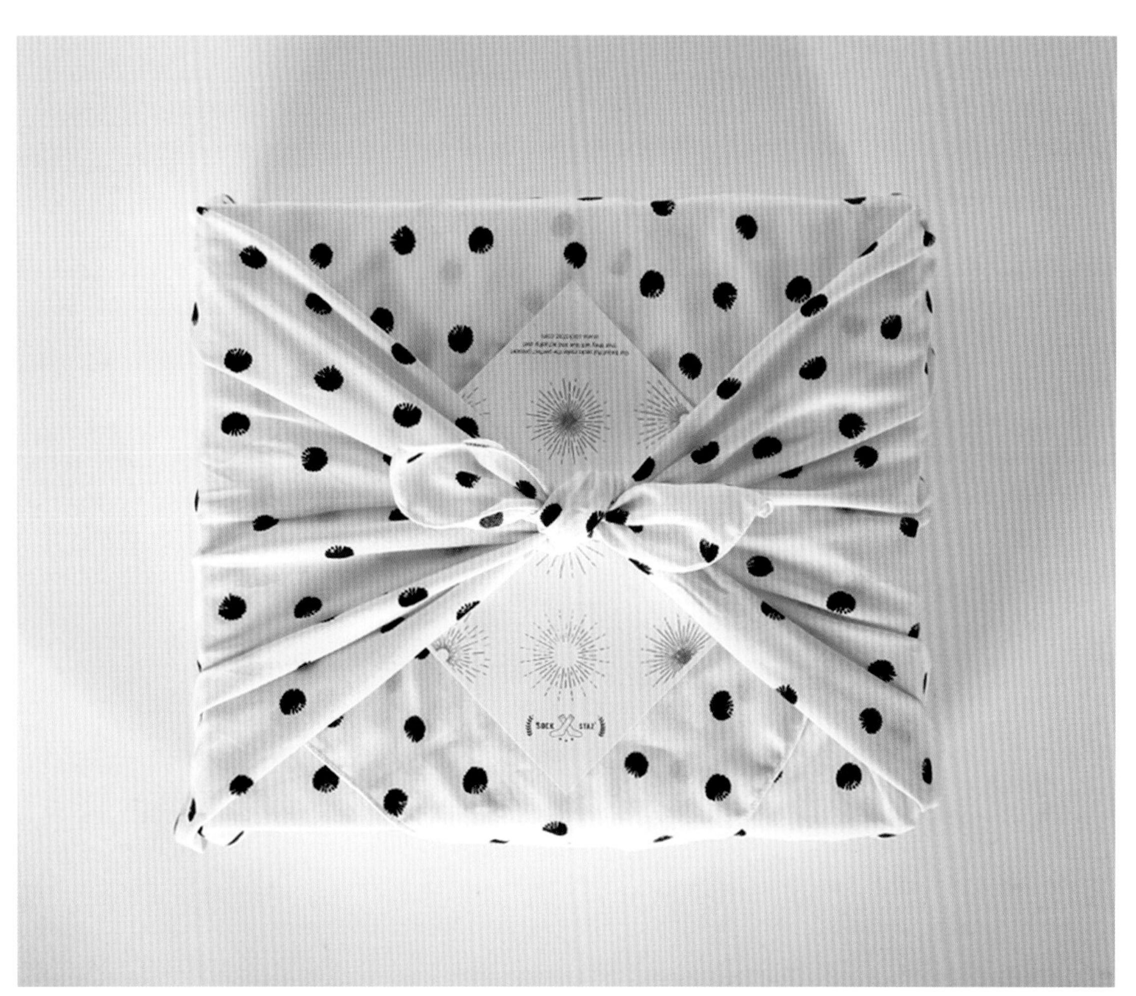

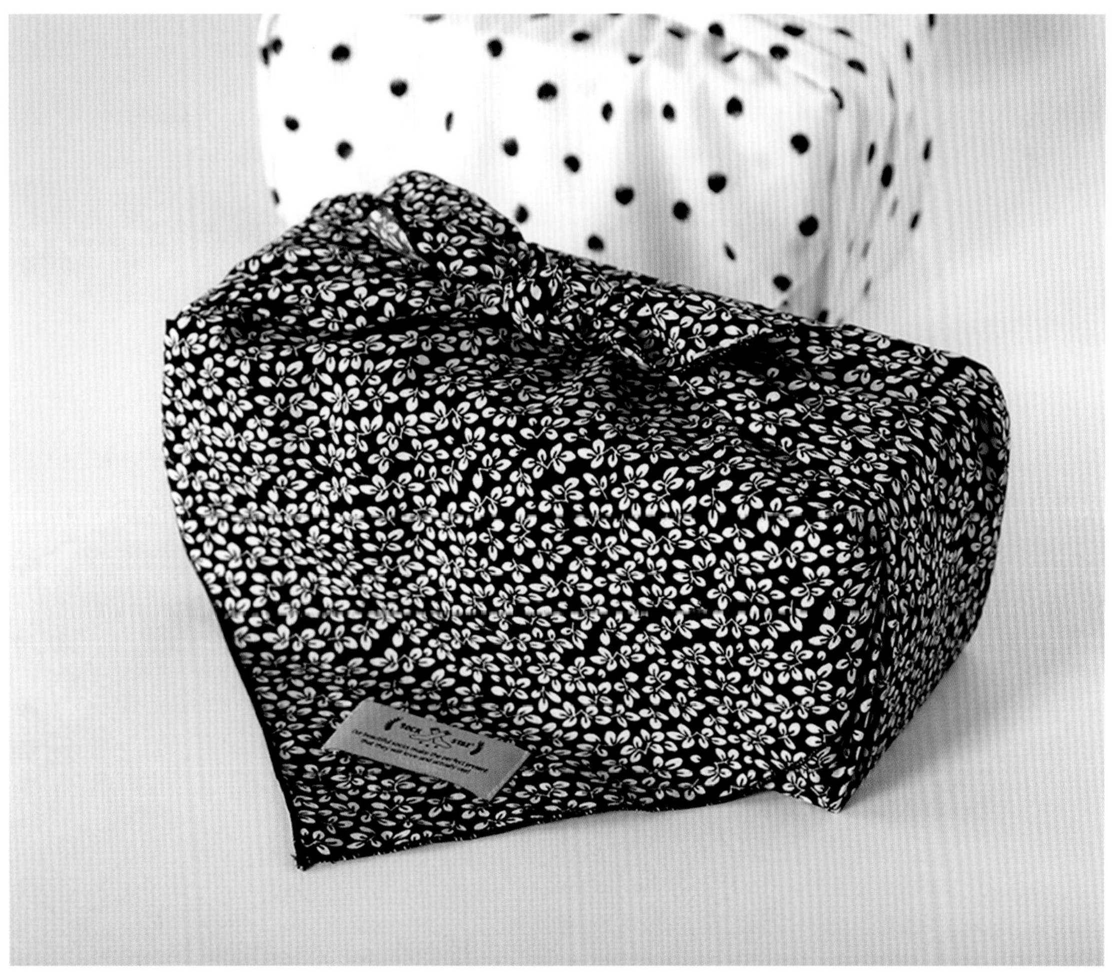

Tippy Toes 包装设计

这款可爱的婴儿袜子包装是可重复使用的，拆开包装后可以作为存放袜子的挂钩使用。小动物的形状有助于激发孩子们帮助家长做家务的积极性。包装上的信息简单易懂，可以将孩子的注意力集中在挂钩上。设计师将短吻鳄、狮子和毛虫的图案融入到袜子包装的设计中，用以区分袜子的尺寸，避免拿错袜子，而这种设计方式也减少了袜子和包装上使用塑料标签的情况。

设计师
Jennifer Wilson

材质
纸板、贴纸

尺寸
毛虫 / 444mm x 292mm，
狮子 / 406mm x 279mm，
短吻鳄 / 406mm x 292mm

完成时间
2014 年

TIPPYTOES
3 PAIRS
0-6 MONTHS
TIPPYTOES
2 PAIRS
6-12 MONTHS
TIPPYTOES
2 PAIRS
12-24 MONTHS

Topman 内裤包装

这款内裤包装的外观看起来非常商业化，但内部设计却如同一个派对，设计师成功地将南非的视觉语言融入到这款包装的设计中。这款包装由可回收纸板制成，包装内部绘制有南非特有的图案和三个可移动的人物。每对内裤都用一张绘有南非特有图案的宣传海报包裹起来，这些海报也是可重复使用的。盒子里还有三个可以弹出的小人儿，这更增加了包装的趣味性和用户的体验性。

设计师	尺寸
Casper Schutte	180mm x 210mm
材质	完成时间
纸板、薄纸	2015 年

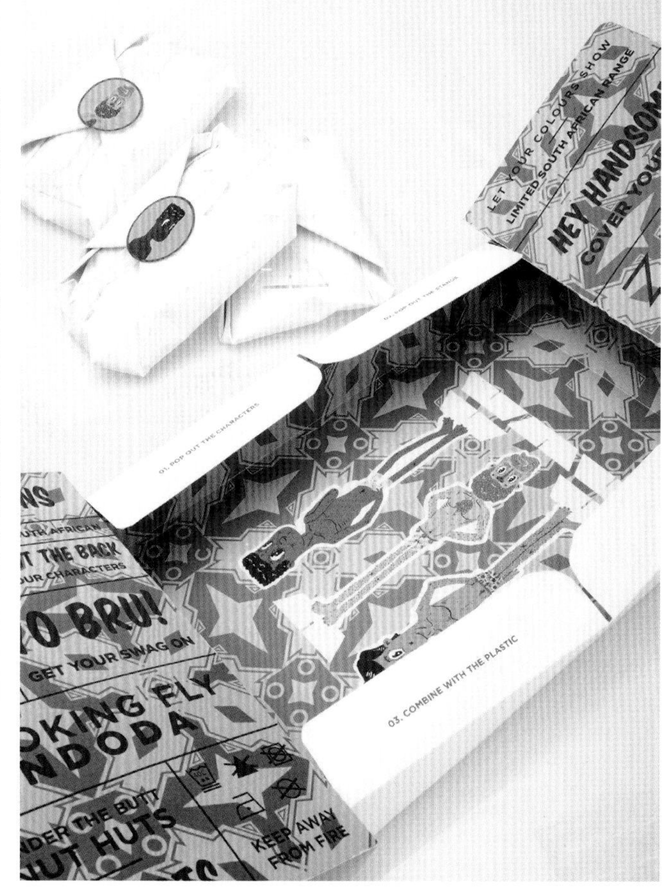

TOPMAN

WE
GOT
YO
BACK
TOPMAN

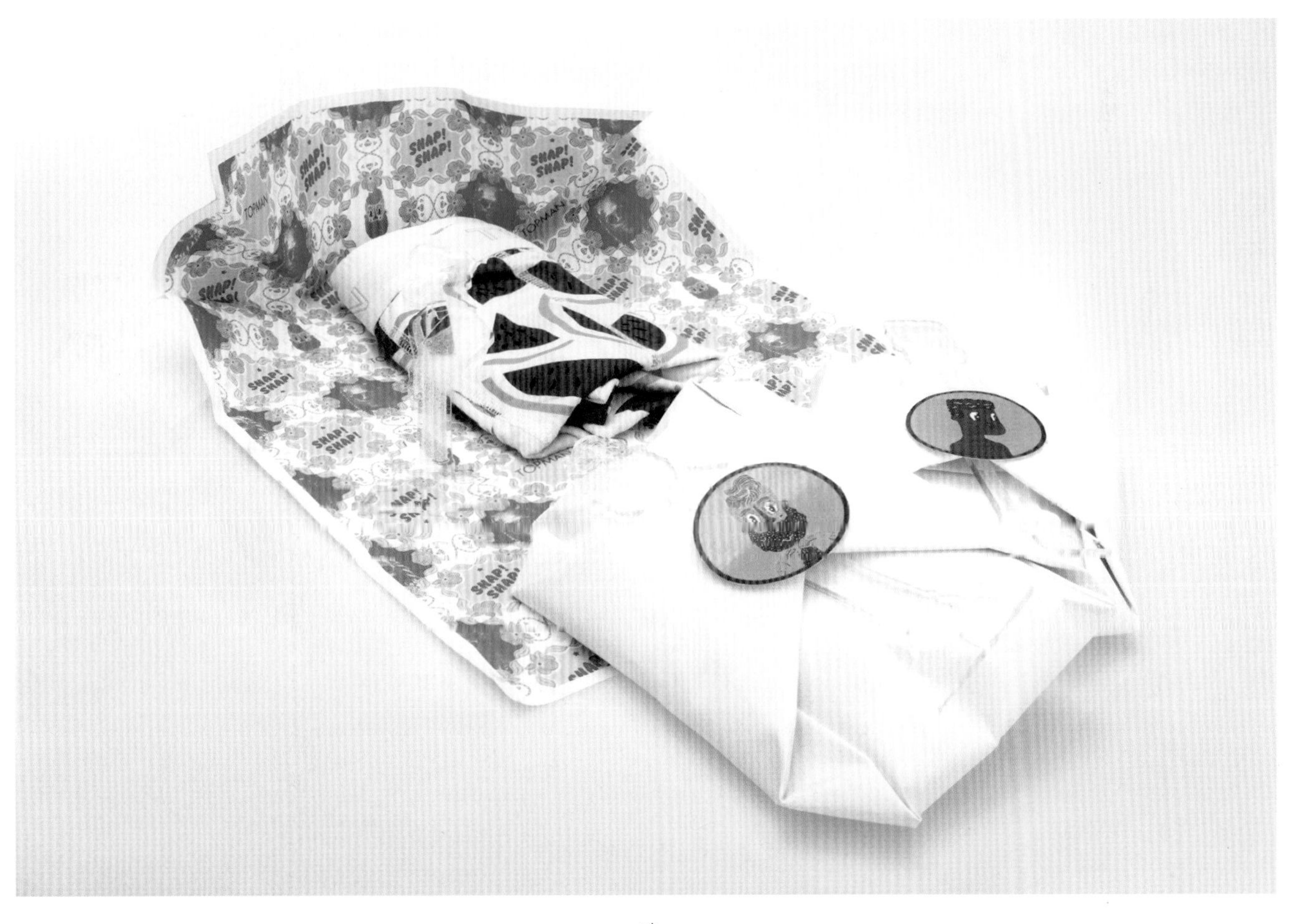
SNAP! SNAP!
TOPMAN

Pom Pom 包装设计

这是一个现代时尚的女士内衣品牌。两款女士内裤分别装在两个三角形的包装盒内，一款是舒适、简单的内裤，可以在工作或健身期间穿着；另一款是极具创意的内裤，可以在夜晚聚会或休闲期间穿着。两个三角形的包装盒拼在一起不仅能组成这个品牌的名字，还能组成“努力工作，尽情玩耍”的这一品牌广告语。

委托方
Kristine Hardig

设计机构
Reynolds & Reyner

设计师
Alexander Andreyev,
Artyom Kulik

材质
纸板

尺寸
200mm x 200mm

完成时间
2015 年

PLAY
HARD
2 SEXY AND SLEEK PANTIES
FOR DAY TO NIGHT
COMPETITIVE TRANSPARENT PRICING
PLAY HARD
INNOVATIVE TRAINING TOOLS
WORK
2 SEXY AND SLEEK PANTIES
FOR DAY TO NIGHT
PLAY HARD
2 SEXY AND SLEEK
PANTIES FOR DAY TO NIGHT
2 SEXY AND SLEEK
PANTIES FOR DAY TO NIGHT
PLAY
HARD

WORK HARD
TRANSPARENT PRICING
TRUSTED MARKET LEADER
2 SEXY AND SLEEK PANTIES
FOR DAY TO NIGHT
COMPETITIVE TRANSPARENT PRICING
PLAY
HARD
WORK
HARD
2 SEXY AND SLEEK PANTIES
FOR DAY TO NIGHT
PLAY
WORK HARD
TRANSPARENT PRICING
TRUSTED MARKET LEADER

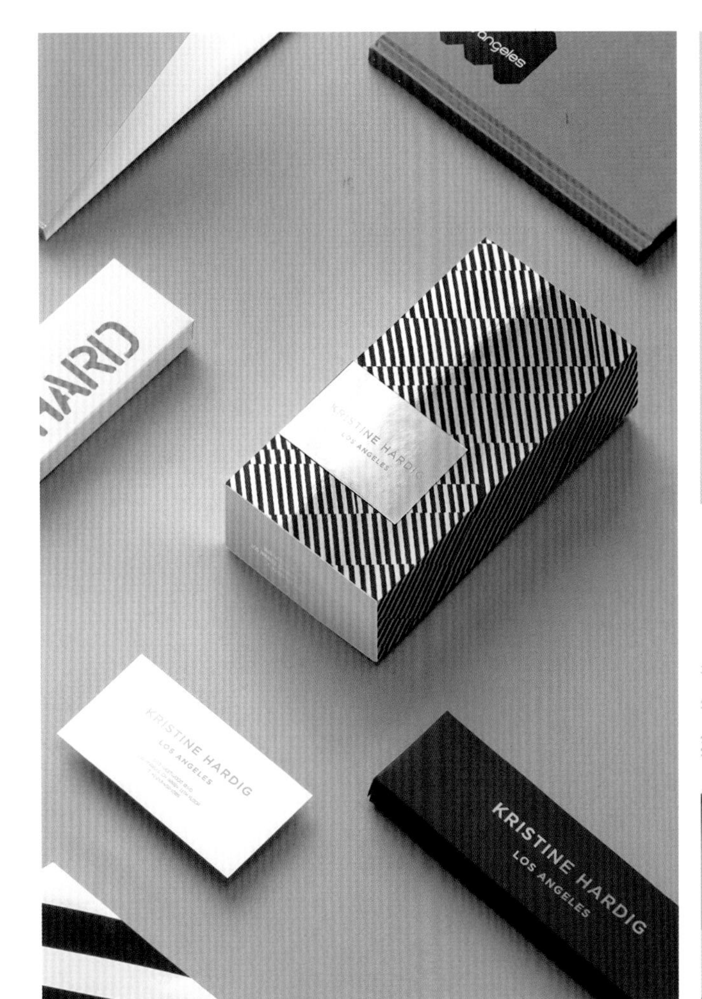
HARD
KRISTINE HARDIG
LOS ANGELES
KRISTINE HARDIG
LOS ANGELES
KRISTINE HARDIG
LOS ANGELES

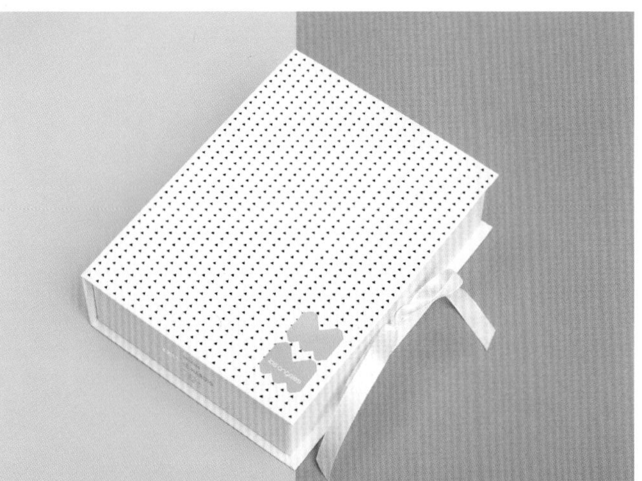

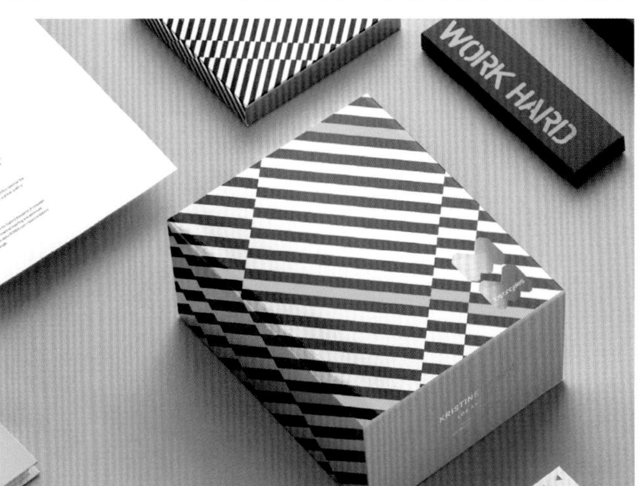
WORK HARD

KRISTINE HARDIG
LOS ANGELES

USA
LOS ANGELES

los angeles

Flashtones 包装设计

这是一个来自捷克的彩色袜子品牌。该项目的主要目的是为了简化店内顾客体验、帮助他们快速选择需要的颜色。客户要求设计师设计一个可以装下 14 种颜色袜子的神秘盒子。这款包装由再生纸制成，盒子正面有一个圆形的开口，可以方便顾客看到盒内袜子的颜色。盒身上印有 Flashtones 的品牌标识，一个金色的雕花图案。这款神秘包装的设计灵感来源于纸巾盒，只是这次人们不会从盒子中抽出纸巾，而是会随机拿出不同颜色的袜子。有了这个神秘的盒子，你再也不需要花一早上的时间决定今天要穿哪一种颜色的袜子啦！

委托方
Flashtones

尺寸
80mm x 80mm x 10mm

设计师
Petr Kudláček

完成时间
2015 年

材质
再生纸

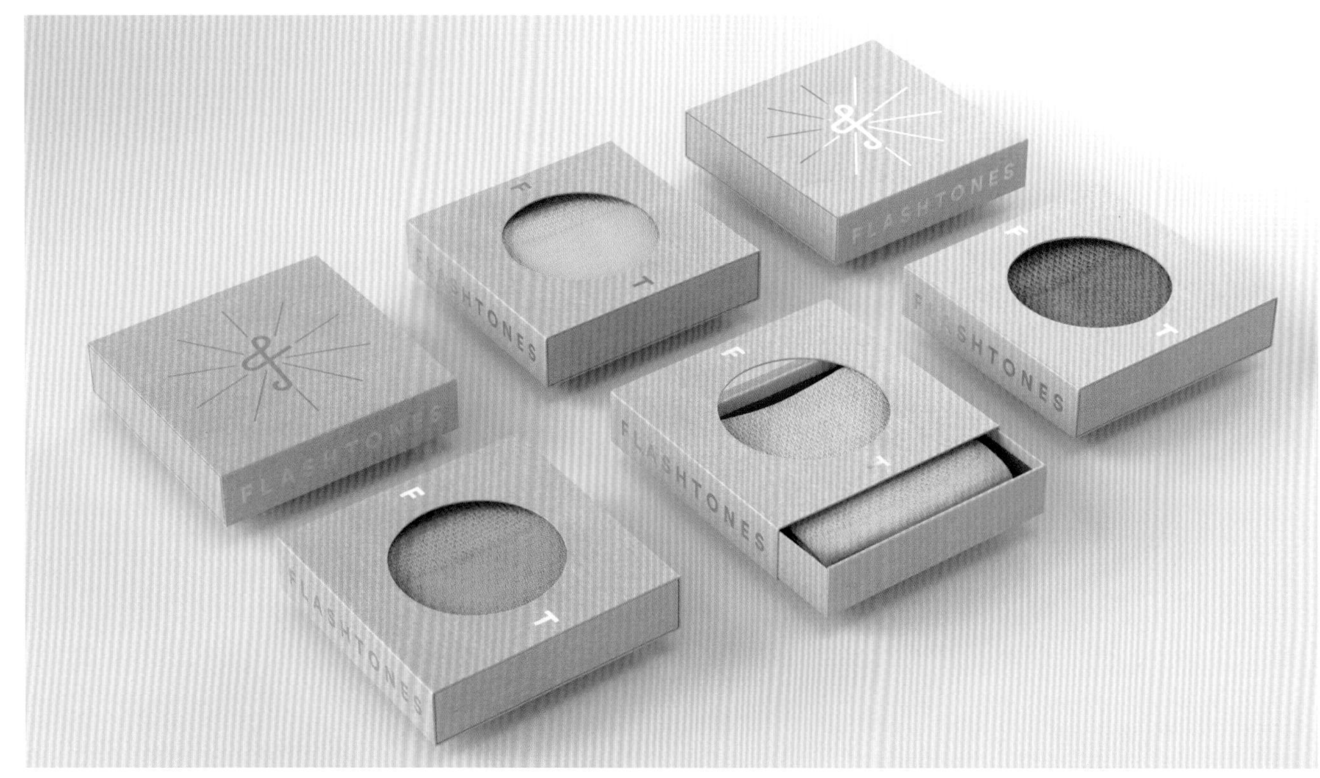

F
T
FLASHTONES

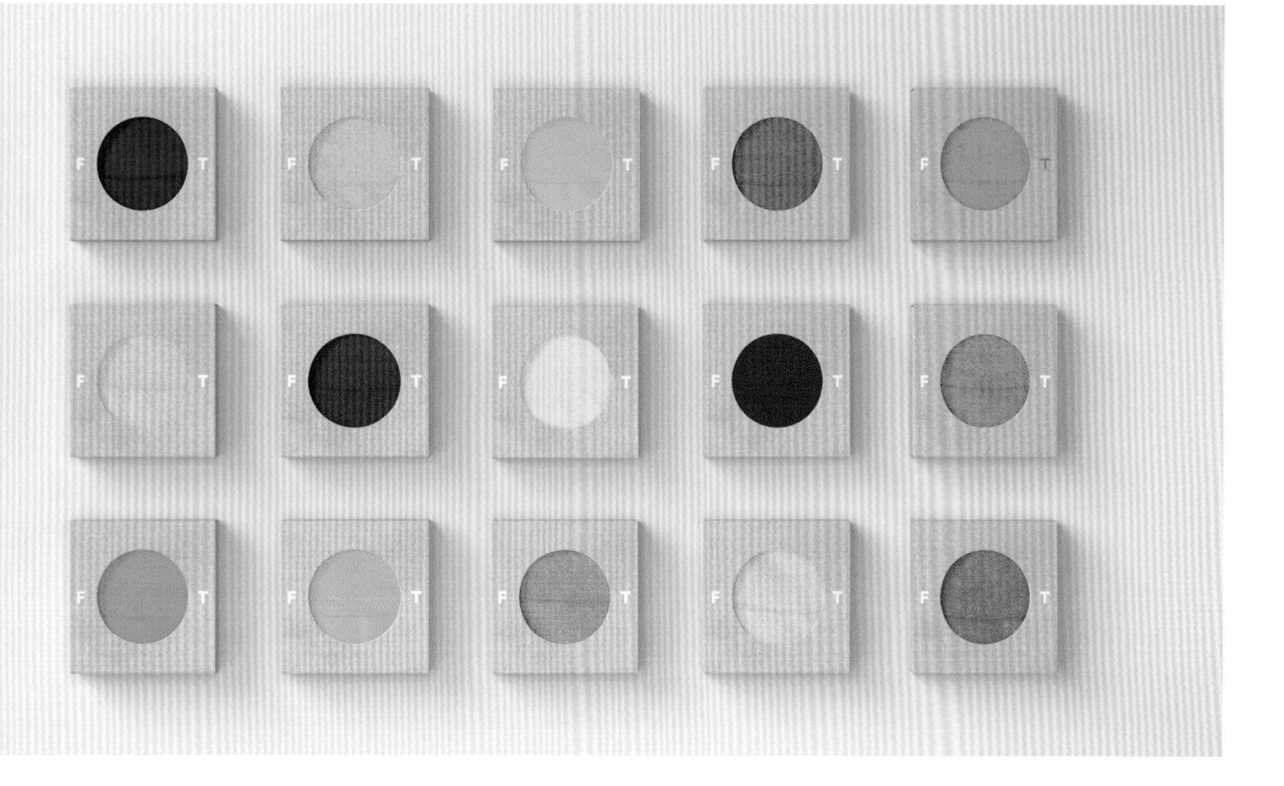

紧身衣和长筒袜包装

这款包装的设计灵感来源于土鲁斯·劳特累克（Toulouse Lautrec，1864-1901，法国后期印象主义著名画家和设计家）的油画，用来包装打底裤、连裤袜、长筒袜和短袜。黑色的产品与彩色的盒子形成鲜明对比，而装在白色盒子内的季节性产品会让购买者的注意力集中在产品的颜色上。每个包装盒上都有一个好似在跳舞的性感女孩，购买者可以通过包装上的腿部图案看到产品的质地。

设计师
Elena Bychinina

材质
纸板

尺寸
短袜 / 70mm x 120mm，
连裤袜 / 120mm x 120mm，
打底裤 / 120mm x 180mm

完成时间
2013 年

L-4
100 DEN
ЛЕГГЕНСЫ
XS-1
100 DEN
ЛЕГГЕНСЫ

СКИЙ
КАН-К
40 DEN
ЧУЛКИ
90 DEN
КОЛГОТКИ
S-2
100 DEN
ЛЕГГЕНСЫ
XS-1
XL-5

ФРАН
ЦУЗ
СКИЙ
КАН
КАН
40 DEN
ЧУЛКИ
XL-5

女士内裤包装

一家生产可重复使用的月经产品公司需要一款营销活动产品的包装，购买这款内裤的消费者将会为全世界需要帮助的女孩提供赞助。作为一家生产环保产品的公司，其所有产品包装必须尽可能地反映出环保理念。无胶粘、单色印刷、简化信息是这款包装的特色所在。包装上还带有女性顽皮举止的模切图案，而产品颜色从这些模切图案中展现出来，可以起到宣传的作用。

委托方
Be Girl

设计师
Victoria ChienYun Spriggs, Diana Sierra

材质
纸板

尺寸
170mm x 100mm

完成时间
2015 年

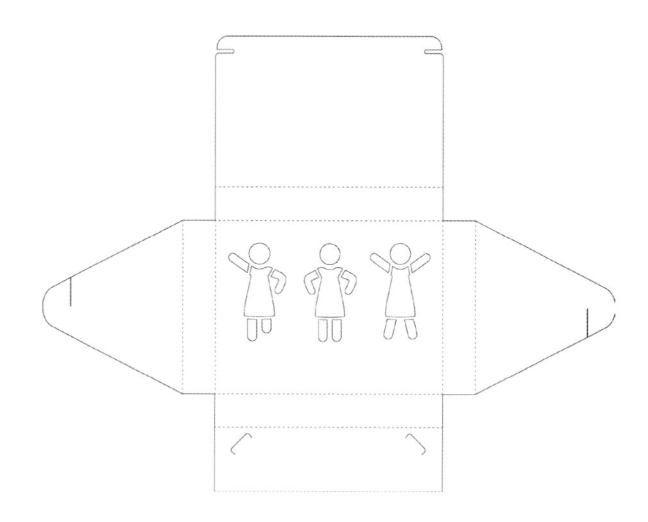

YOU
ARE MAKING A DIFFERENCE
GET ONE, GIVE ONE
WHY
MENSTRUATION
MATTERS
250
MILLION
GIRLS
LIVE IN EXTREME POVERTY,
LACKING ACCESS TO SAFE AND
BASIC MEANS TO MANAGE THEIR
MENSTRUATION WITH DIGNITY.
Every EmpowerPanty is an
investment in Womankind!

YOU
ARE MAKING A DIFFERENCE
GET ONE, GIVE ONE
YOU
EMPOWERPANTY
HER

Be EMPOWERPANTY
THONG
HIPSTER
BIKINI
HIGH-WAISTED
BRIEF
SIZE CHART (U.S.)
XS 34 - 36" hips
S 37 - 39" hips
M 40 - 42" hips
L 43 - 45" hips
XL 46 - 48" hips
GET ONE,
GIVE ONE
SOFT & LIGHTWEIGHT
SEAMLESS DESIGN
STRETCHY FOR PERFECT FIT
RESPONSIBLE MANUFACTURING
ENVIRONMENTALLY CONSCIOUS
BeGirl.org

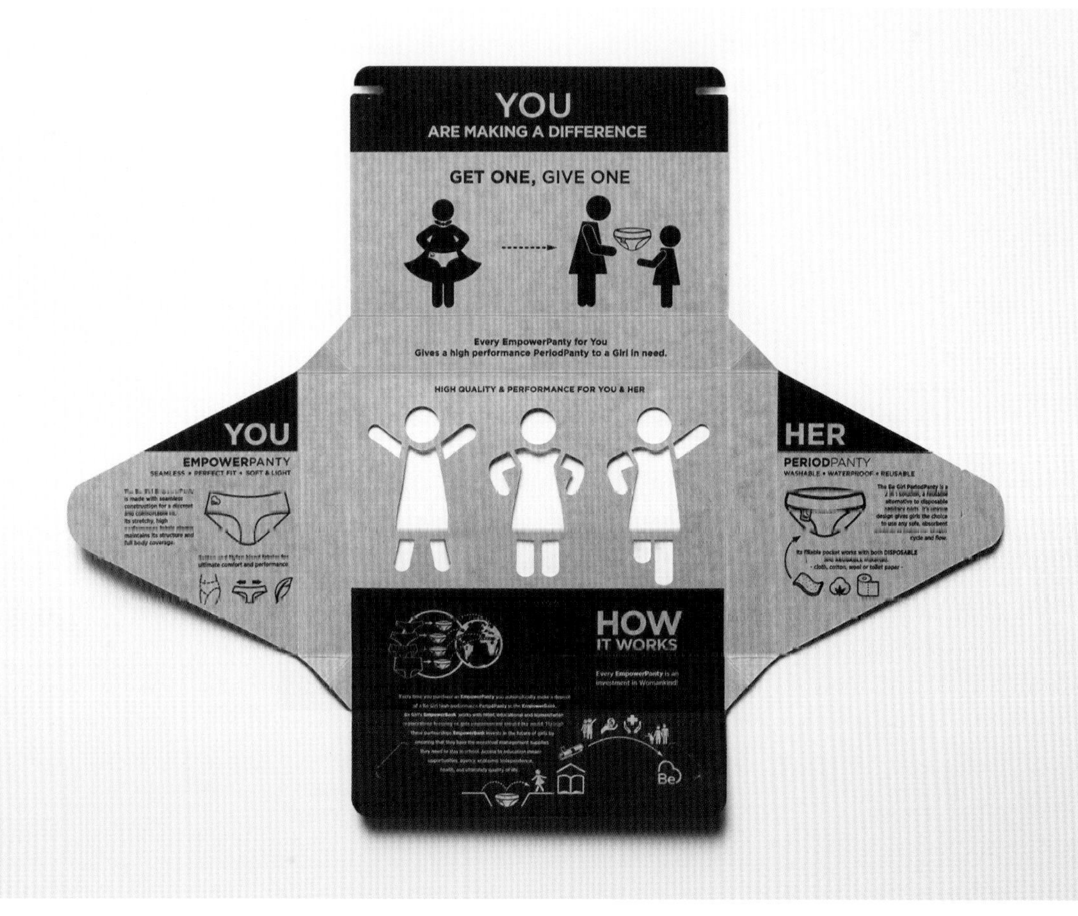
YOU
ARE MAKING A DIFFERENCE
GET ONE, GIVE ONE
Every EmpowerPanty for You
Gives a high performance PeriodPanty to a Girl in need.
HIGH QUALITY & PERFORMANCE FOR YOU & HER
YOU
EMPOWERPANTY
SEAMLESS • PERFECT FIT • SOFT & LIGHT
HER
PERIODPANTY
WASHABLE • WATERPROOF • REUSABLE
HOW
IT WORKS
Every EmpowerPanty is an
investment in Womankind!

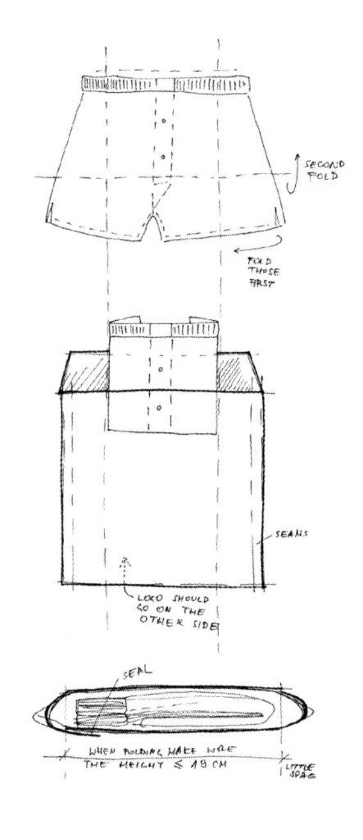

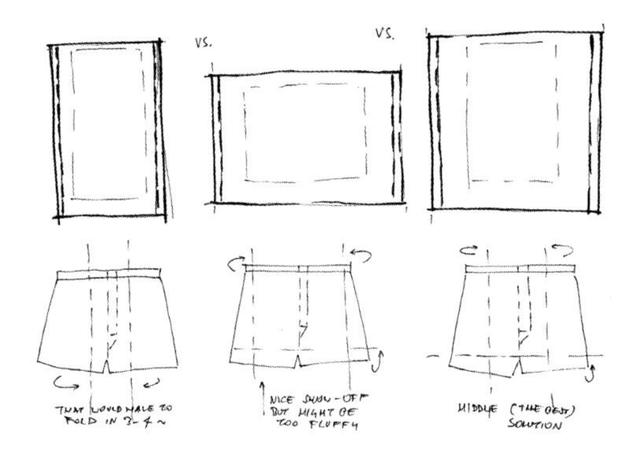

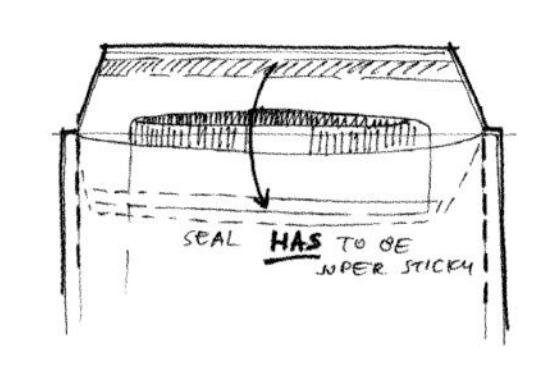

Unerdwear 包装设计

Unerdwear 是一个高品质的平角裤品牌，该品牌的平角裤颜色鲜艳、图案精美。这家公司的品牌理念和品牌名称是在计算机极客文化的基础上创造出来的。这款包装使用非透明金铝箔制成的，其设计灵感来源于用来保护计算机硬件的金箔信封，也是为了与平角裤金色标签和金色纽扣上的细节设计相配。这个带有封口的信封包装可以装下两条叠好的平角裤。用丝网印刷技术和黑色哑光漆印制在包装正面的品牌标识与光滑的金铝箔纸形成鲜明对比。平整的包装便于将商品运输，也可以有效地降低运输成本。

委托方
Unerdwear

设计师
Katarzyna Bojanowska,
Joanna Socha

材质
金铝箔纸

尺寸
220mm x 220mm

完成时间
2013 年

迈尔袜子包装

这款包装是为迈尔的夏季活动而设计的，旨在鼓励人们穿上迈尔的新产品去探索广阔的户外环境。设计师用两层木质胶合板为购买袜子的消费者创造一种独特的户外感受。包装的外形好似四分之一的 Oliod 陀螺，可以将卷起的袜子放入其中，又刚好可以插入迈尔运动鞋中，是旅行中的必备物品。

委托方
Merrell

尺寸
165mm x 51mm

设计师
Shaily Shah

完成时间
2014 年

材质
木料

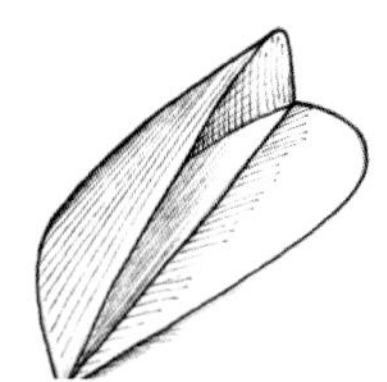

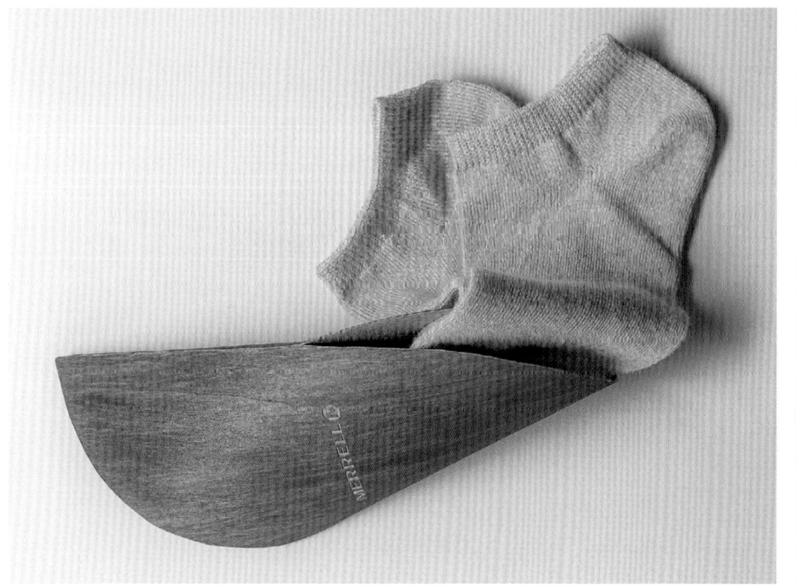

Mack Weldon 包装设计

2014 年春，Mack Weldon 推出了“银色”系列产品，这款产品的设计运用了 X-static®XT2™ 尖端纤维技术。贵金属的加入有助于将男士内裤的设计推向一个新的高度。客户要求设计公司为这款新产品打造一个独特的品牌识别体系，其中包括视觉特征、包装、品牌视频和产品营销策略，旨在将这款新产品与原有产品区分开来，同时提升“银色”系列产品的工艺先进属性。这款产品的标识图案是从原有 MW 标识中提取出来的，给人一种现代、实用的感觉。包装颜色与产品颜色一致，选用的是深灰色和黑色。整个包装都浸染了磨砂黑色的油墨，产品标识则采用 UV 局部过油工艺印制而成。

委托方
Mack Weldon Silver Collection

设计机构
Blackrose NYC

材质
PE

尺寸
内衣包装 /
178mm x 203mm，
T 恤包装 /
279mm x 356mm

完成时间
2014 年

TH PATENTED XT2 FIBER TECHNOLOGY, WHICH
PARTICLES WITH PIMA COTTON FOR THE MOST
D ANTI-MICROBIAL PERFORMANCE UNDERWEAR
ELDON.COM
BY MACK
UNDERWEAR

SILVER
BY MACK WELDON
BOXER BRIEF
SILVER
BY MACK WELDON
SILVER
BY MACK WELDON
BOXER BRIEF
SILVER
BY MACK WELDON
SILVER
BY MACK WELDON
BOXER BRIEF
SILVER
BY MACK WELDON

Accessories Packaging

配饰篇

光纱围巾包装

这款书本形状的包装可以被看作是一本与光纱围巾柔软触感有关的“纪念册”。设计师将这款光纱围巾的包装设计成书本的形状，其基本概念来源于一位旅行者的故事。这位旅行者在一座小镇内的二手书店停下脚步，买了一本他 / 她最喜欢的书以此纪念这段难忘的旅程。为了突出这款柔软质感的超薄围巾的特点，设计师选择用纸板制作为围巾的包装材料。围巾从包装盒上的多个扇形模窗口中显露出来，可以方便消费者感受这款围巾的质地。

委托方
Colorsville Co., Ltd.

设计机构
Grand Deluxe

设计师
Koji Matsumoto

材质
白纸、纸板

尺寸
144mm x 202mm x 27mm

完成时间
2015 年

LIGHT GAUZE MUFFLER
ZIPANGU COLOR
SIZE APPROX
22CM × 150CM

MADE IN JAPAN

LIGHT
GAUZE
MUFFLER
ZIPANGU
COLOR
MADE IN JAPAN
UV-CUT

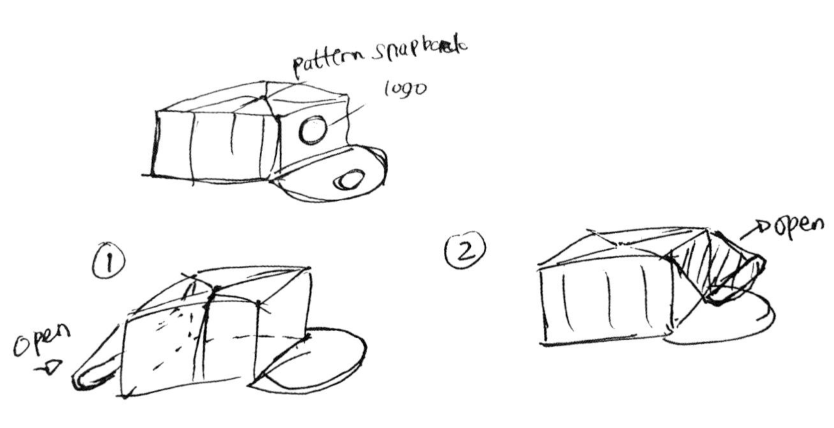

帽子包装设计

设计师最初的想法是设计一款标志性的纸制玩具。为了推广该品牌的纸制玩具商品，如 T 恤、连帽衫、棒球夹克、帽子、钥匙链、贴纸等等，设计师想出了多个原本只停留在想象中的包装设计创意。这款帽子包装便是其中的一个创意。包装上的图案与帽子相同，但形状不同。设计师选用 Debussy 字体、Carnivalee Freakshow 字体和 Arial Condensed Bold 字体来设计包装上的每个标识。

委托方
Joel Papertoy

设计师
Yulia Susanti

材质
250 克特种纸

尺寸
107mm x 50mm

完成时间
2014 年

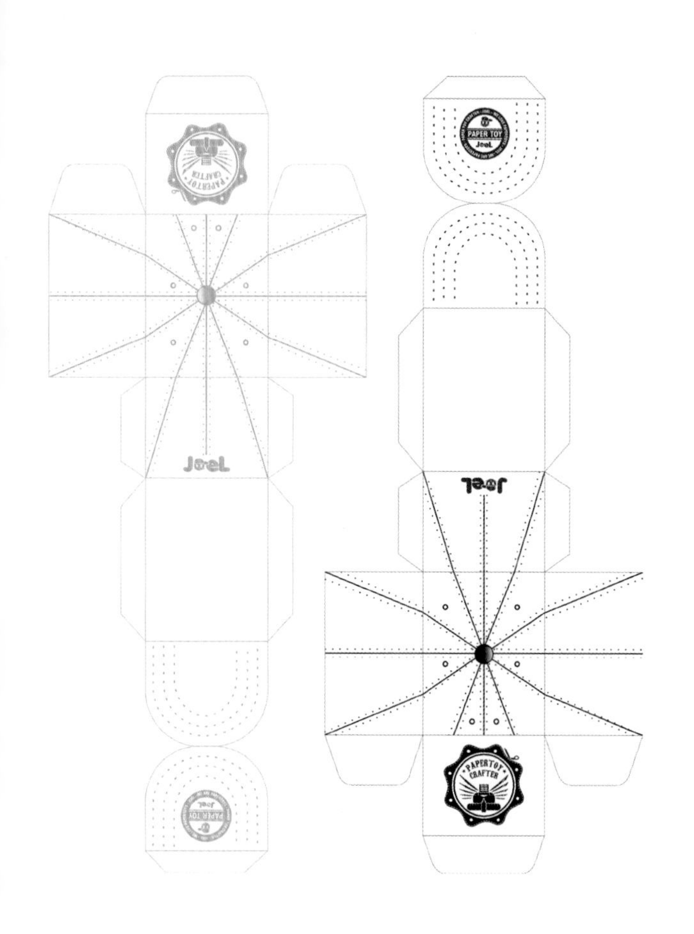
JoeL
PAPER TOY
PAPERTOY CRAFTER

Papertoy

Papertoy
PAPERTOY CRAFTER

男士领饰包装

为了让科尔士百货公司的温布利品牌男士领饰的包装符合时代潮流，设计师设计了一款可以反映该品牌丰富文化底蕴的清新包装，满足当代消费者不断提升的审美需求。设计师借鉴温布利大型档案室内的中世纪广告图文设计了一系列别致的复古插图，用以装饰领饰包装。除此之外，合适的字体和图案，造型特别的模切窗口让这款包装更加完善。

委托方
Kohl' s Department Store

设计师
Jon Walters

材质
纸板

尺寸
短袜 & 领带盒 /
127mm x 289mm x 57mm,
领带盒 /
140mm x 227mm x 25mm,
领结 /
76mm x 178mm x 35mm,
领结 & 装饰方巾 /
152mm x 190mm x 35mm,
领带 & 短袜（男士）/
140mm x 229mm x 25mm,
领带 & 短袜（男孩）/
140mm x 203mm x 25mm

完成时间
2015 年

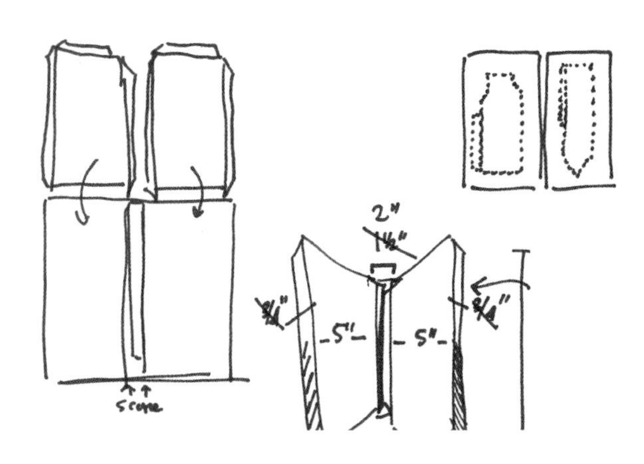

Wembley

Wembley
Bow Tie & Pocket Square Set

A fancy tie sure would look spiffy with that suit of yours.
How about some swanky socks to finish your dapper look off.

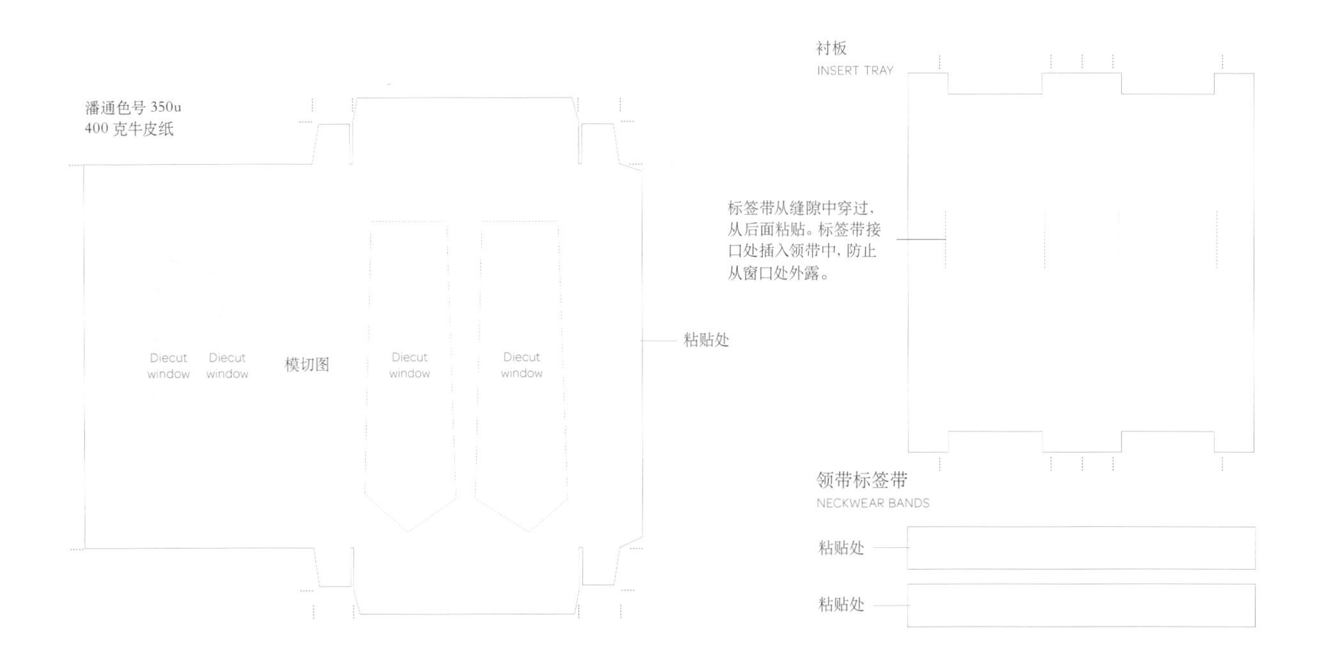
潘通色号 350u
400 克牛皮纸
Diecut window
Diecut window
模切图
Diecut window
Diecut window
粘贴处
衬板
INSERT TRAY
标签带从缝隙中穿过，从后面粘贴。标签带接口处插入领带中，防止从窗口处外露。
领带标签带
NECKWEAR BANDS
粘贴处
粘贴处

Wembley
Daytime
Evening
two for the money

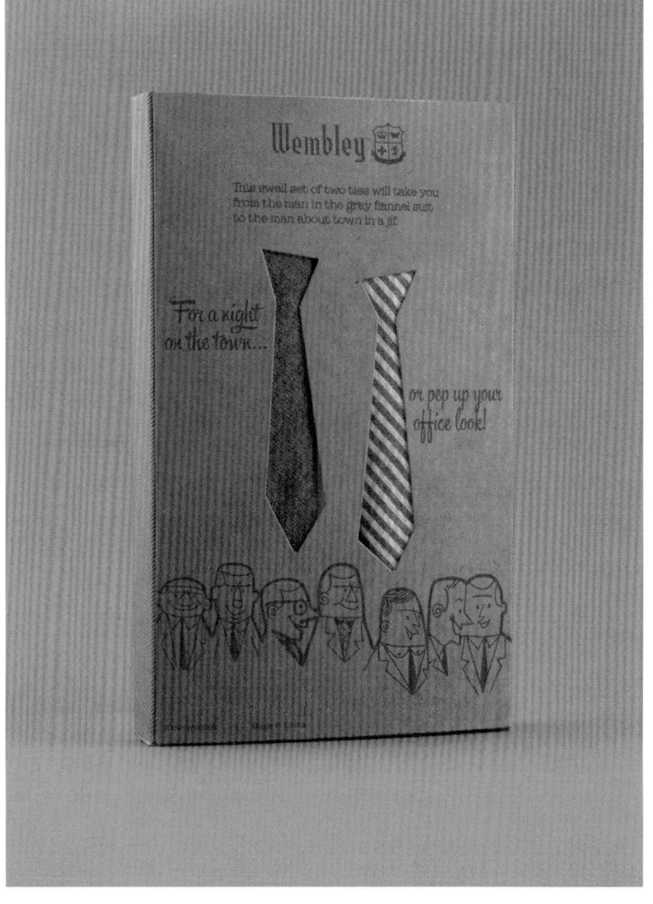
Wembley
This swell set of two ties will take you from the man in the gray flannel suit to the man about town in a jif
For a night on the town...
or pep up your office look!

Wembley
Tie & Sock Set
A pair of swanky socks!
One super spiffy tie!

Wembley
Love that Wembley!
With a bit of help from the in-the-know folks at the Wembley Style Institute, you can take your slapdash office casual to the next snazzy level.
This tie and sock set will take you from beatnik to neatnik in no time flat.

Wembley
Tie & Sock Set

Wembley
Love that Wembley!
This tie and sock set, from the in the know folks at the Wembley Style Institute, will spiffy up your lil' man in no time flat.
One super spiffy tie!

Macaw 包装设计

Macaw 是蒙特利尔的一个生产大理石般色彩纹理的配饰的时尚品牌。该品牌的产品从织物印刷过程到饰品设计和缝制过程均以纯手工打造而成。该包装有多种尺寸，适用于各类配饰产品。这款包装选用的材质轻便、结实、便于运输。包装上印有黑色的品牌标识和广告语，这种设计方式让包装看起来更加简单、自然、环保。这款包装专门用来存放日常配饰，人们不仅可以用这款包装保护自己的配饰免于损坏，还可放在桌面上作为摆件使用。

委托方
Macaw

设计师
Audrey-Claude Roy

材质
竹子、布料、皮革

尺寸
42mm-80mm x 75mm-177mm

完成时间
2015 年

macaw
macaw
macaw
macaw
HAND MARBLED
ACCESSORIES
macaw
macaw
macaw

macaw

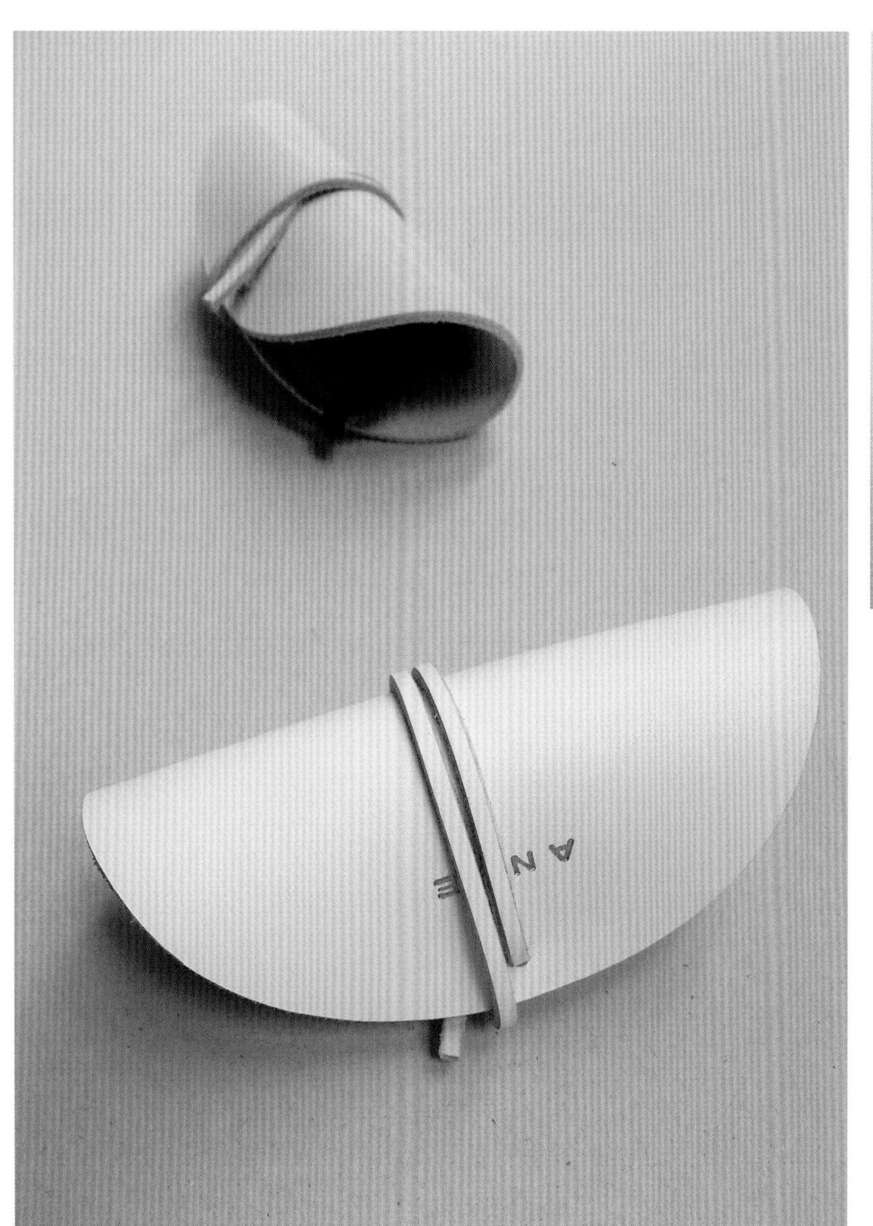

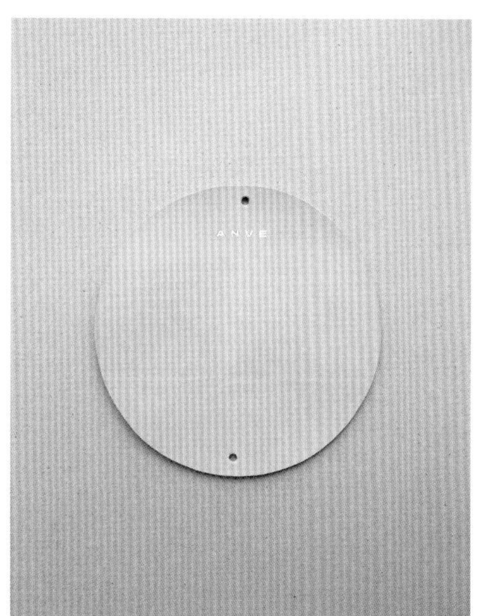

ESTOJO 太阳镜盒

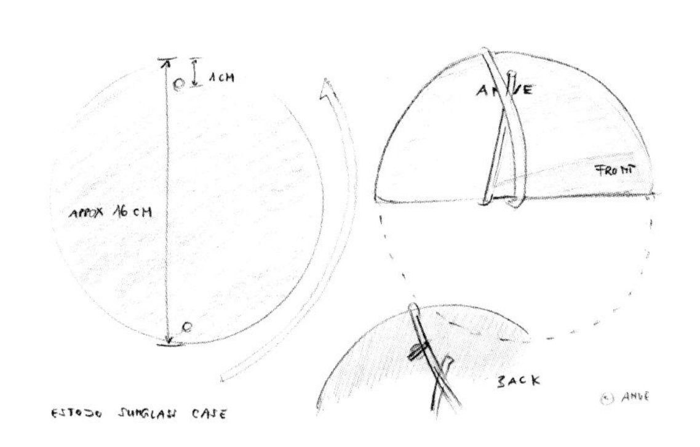

ESTOJO背后的理念是设计可以让日常生活更加美好的产品。精致的产品不仅具有简约的风格，还具有一定的功能性。所有产品均为小批量生产、手工制作而成。这个太阳镜盒的设计理念是为太阳镜提供更简单的保护。包装由两部分组成：一块上面带有两个孔洞的圆形皮革和一条皮革带。三种不同颜色（自然色、白色和黑色）的植物鞣革为纯手工剪裁而成，包装上面的品牌标识也是手工烫印而成的。将圆形皮革卷成半月形并用皮带绑好后，便可拿在手中。

设计机构
ANVE

材质
植物鞣革

尺寸
165mm x 83mm

完成时间
2013年

木制太阳镜包装

Kerbholz 是一家设计木制眼镜镜框的公司。客户要求设计师们提出新包装设计理念，将包装生产成本降到最低。在拉丁美洲之行结束后，Kerbholz 公司的设计师受拉丁美洲当地木材的启发，努力地将旅行灵感和文化融合融入到平面设计中。而这款包装的设计灵感来源于啤酒瓶和手提箱。设计师们在一些常见的可回收和可持续材料中进行选择，最后决定选用瓦楞纸箱。他们将纸箱重新设计成能够装下时尚木制眼镜框的盒子。为了凸显出产品设计的独特性，设计师还设计了一个用来密封盒子的旗帜形状的包装封条。

委托方
Kerbholz

设计师
David Gibbs, Alisa Sorgenfrei

材质
纸板、白纸

尺寸
150mm x 100mm x 50mm

完成时间
2013 年

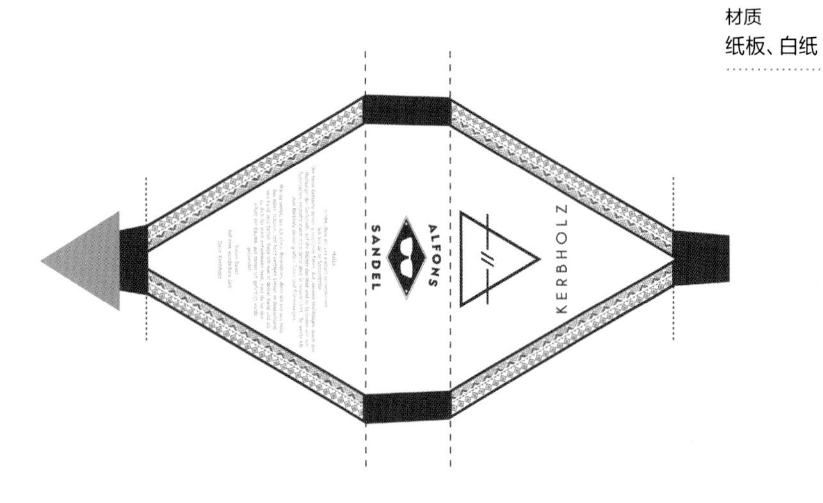

KERBHOLZ

KERBHOLZ

Verri 手套包装

从初级使用者到高级使用者，Verri 手套可以满足不同运动者的使用需求。该品牌要求设计师为四种型号的手套和腰带的包装进行重新设计，以便于区分同在沃尔玛超市的货架上展示的该品牌的产品与其竞争对手的产品。手套产品的包装有业余和专业两个类别，都分别有自己的设计理念。业余包装的设计要给使用者一种亲切、舒适的感觉，同时为运动新手提供保护，让使用者与产品产生共鸣。专业包装是为那些经常运动的使用者而设计的，这个类别的包装向使用者传达出一种专业性和技术性的感觉。

从两个类别的包装设计上我们可以看出，业余包装旨在建立与使用者之间的信任，而专业包装则是为了留住使用者。业余包装色彩鲜艳，采用了白色、灰色和知更鸟蛋蓝色。而专业包装的设计则采用了灰色、白色和橙色。两种类型的手套被装进可撕封口的包装内，给购买者带来一种质朴、全新的感觉。在设计包装背面时，设计师还加入了图表和其他图形，用以向消费者传达信息，让消费者觉得这是一款兼具科学性和实用性的产品。

委托方
Verri

设计师
Didier Roberti

材质
纸板、塑料

尺寸
盒子 /
280mm x 130mm x 11mm,
内包装 /
170mm x 260mm

完成时间
2015 年

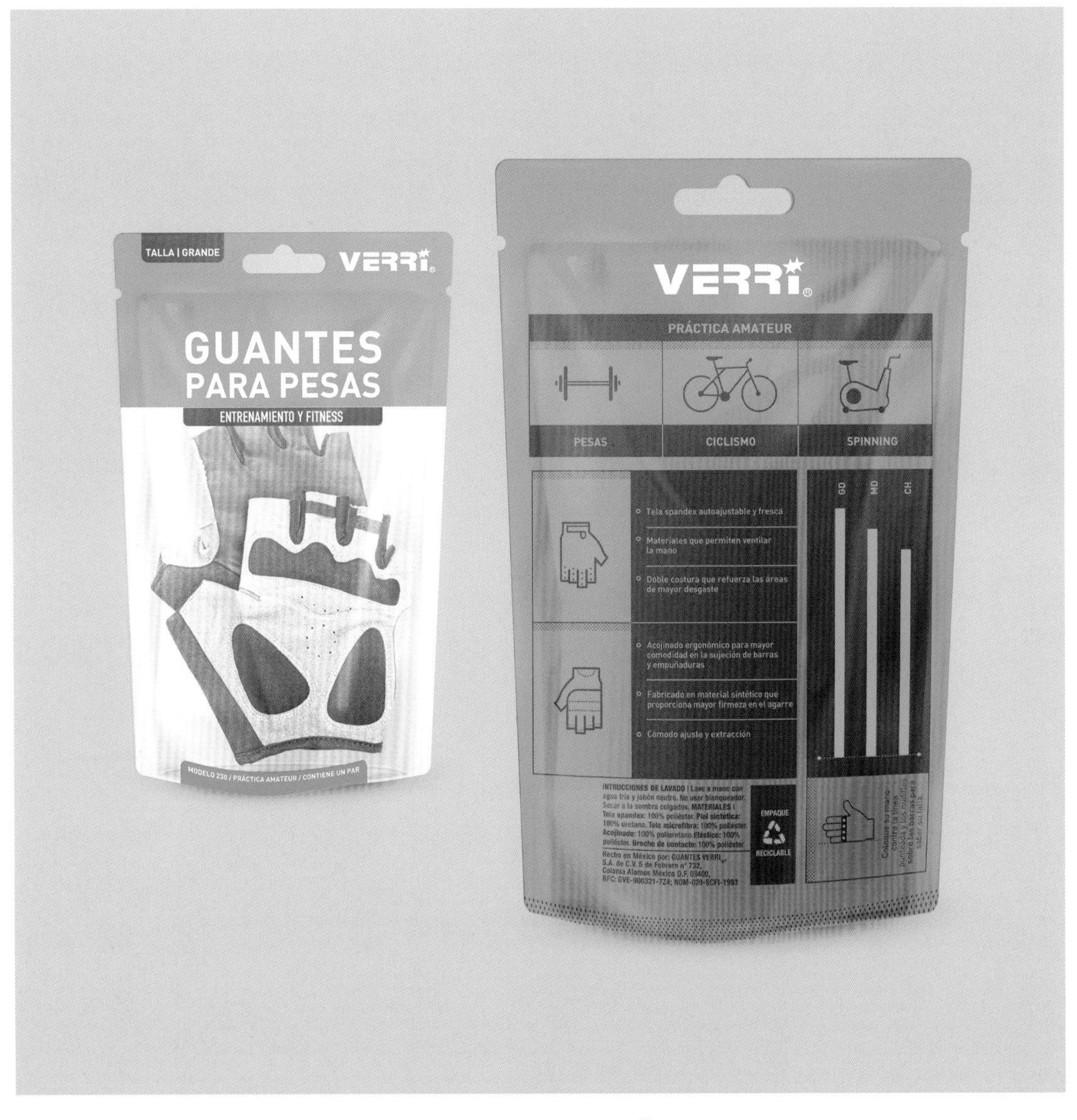

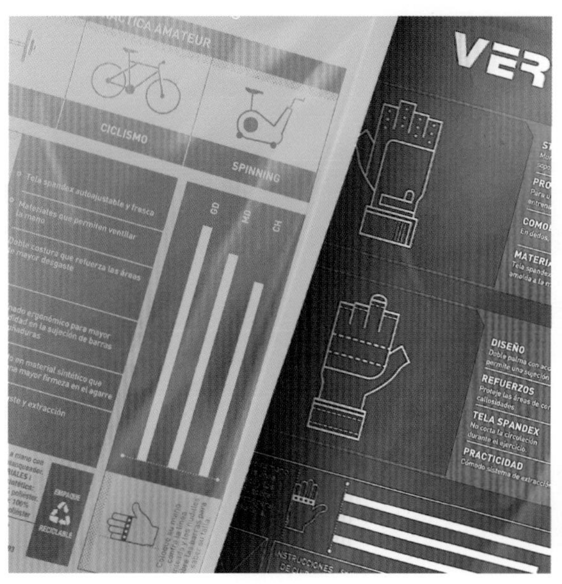
CICLISMO
SPINNING
DISEÑO
REFUERZOS
TELA SPANDEX
PRACTICIDAD

VERRI
CARACTERÍSTICAS

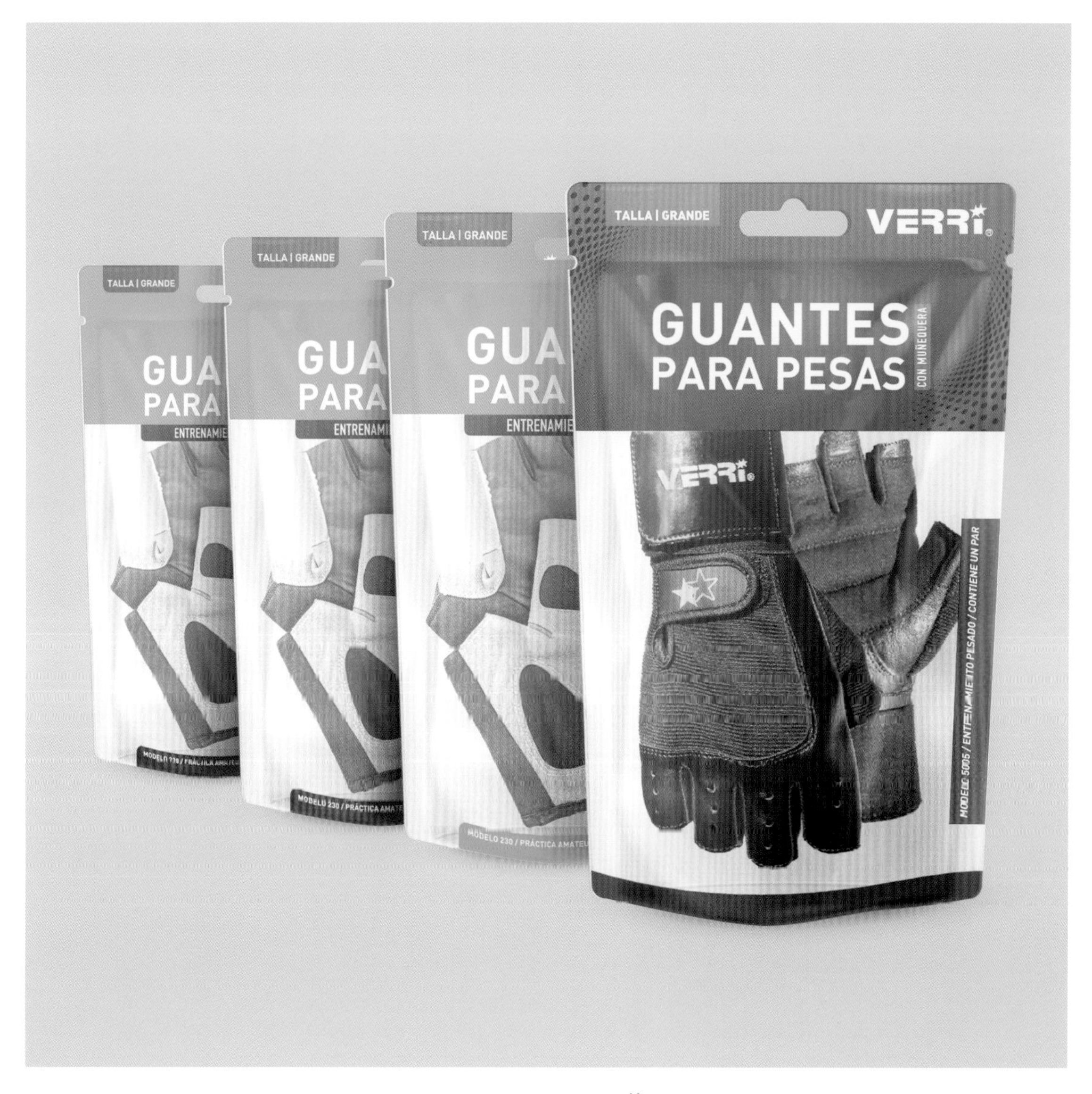
TALLA | GRANDE
VERRI
GUANTES
PARA PESAS
CON MUÑEQUERA

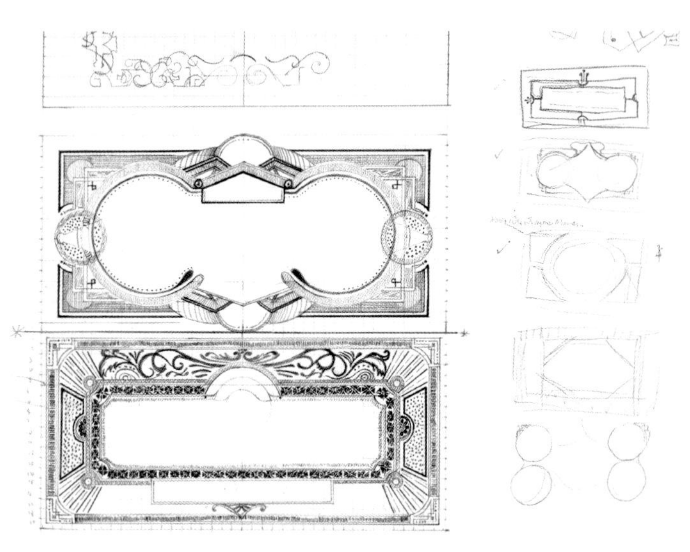

Jida Watt 包装设计

这是一款为 Jida Watt 眼镜品牌设计的包装，该品牌的设计师希望让品牌展现自己的个性及其对手工产品的推崇。该品牌的特点是手工制作、富有魅力、女性和复古。包装上的品牌标识使用的是衬线字体，木盒上的插图传递出一种手工制作的感觉，而圆形图案则与太阳镜的外形一致。

委托方
Jida Watt

设计师
Nan Napas

材质
木料

尺寸
195mm x 95mm x 60mm

完成时间
2015 年

JIDA WATT
Handcrafted by Japanese Artisans
JIDA WATT

Given name
NAIVE BARBARY
(JI115, gold/brown)
Place of Birth : Japan
Body Material : Titanium
Eyes color : Café Brown
www.jidawatt.com

JIDA WATT
Handcrafted by Japanese Artisans

Kombi 品牌包装设计

Kombi 是一家生产冬季配饰产品的家族企业，于 1961 年在蒙特利尔创立。为了走近客户、开启一扇新的大门，该公司如今有了新的品牌标识、签名、包装、网站、平面推广工具、展示柜、改造后的店面和社交媒体。新的品牌形象充满魅力和温暖的感觉，而这种温暖不是简单的暖和，而是一种温情，鼓励人们到户外休闲娱乐，留下难忘的记忆。此外，设计师用黄色和红色等明亮的颜色来突显整体包装设计，打破冬日里的沉闷气息。

委托方
Kombi

设计机构
Polygraphe Studio

设计师
Sébastien Bisson

材质
纸板

尺寸
233mm x 122mm

完成时间
2015 年

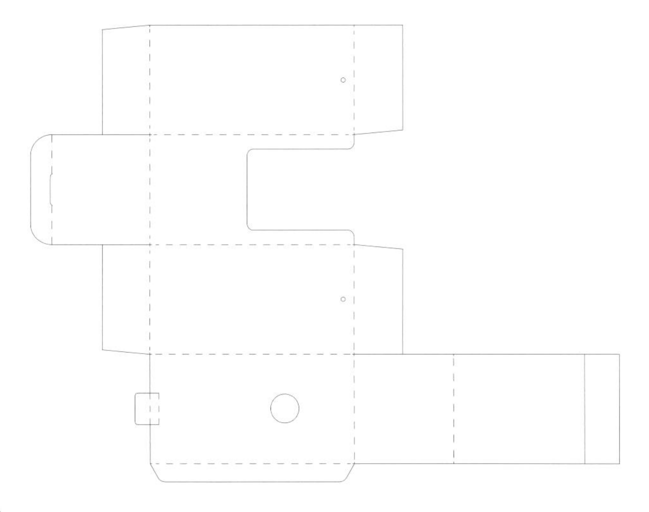

KOMBI
Suspenders.
Bretelles.
KOMBI
KOMBI
KOMBI

Women
Femmes
Hot times
in the city.
Chaleur urbaine.
KOMBI
Men
Hommes
KOMBI

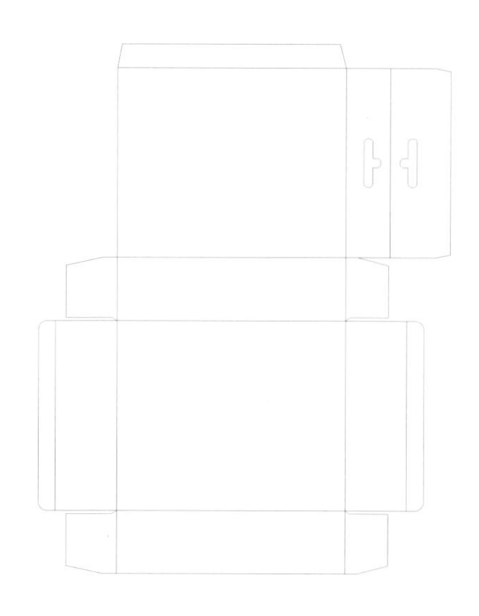

KOMBI
KOMBI
KOMBI

Kypers 眼镜包装设计

Kypers 品牌需要一款反映品牌形象的包装。在设计这款包装时，设计师选择了荧光色，给消费者带来一种视觉冲击的同时也让产品从众多竞争对手中脱颖而出。在生产过程中保持包装的色彩鲜艳十分重要。带上偏光眼镜看这款包装，便可呈现出好似一道美丽的彩虹的视觉效果。设计师利用复古花纹来表现品牌的气魄与活力。这款包装采用坚硬的纸板制成，而两种包装盒均采用统一的潘通色号，这使得整套包装的设计看起来更加协调。

委托方
Kypers

设计机构
Orange BCN

设计师
Aïda Font, Jordi Ferràndiz

材质
纸板

尺寸
167mm x 71mm x 50mm

完成时间
2015 年

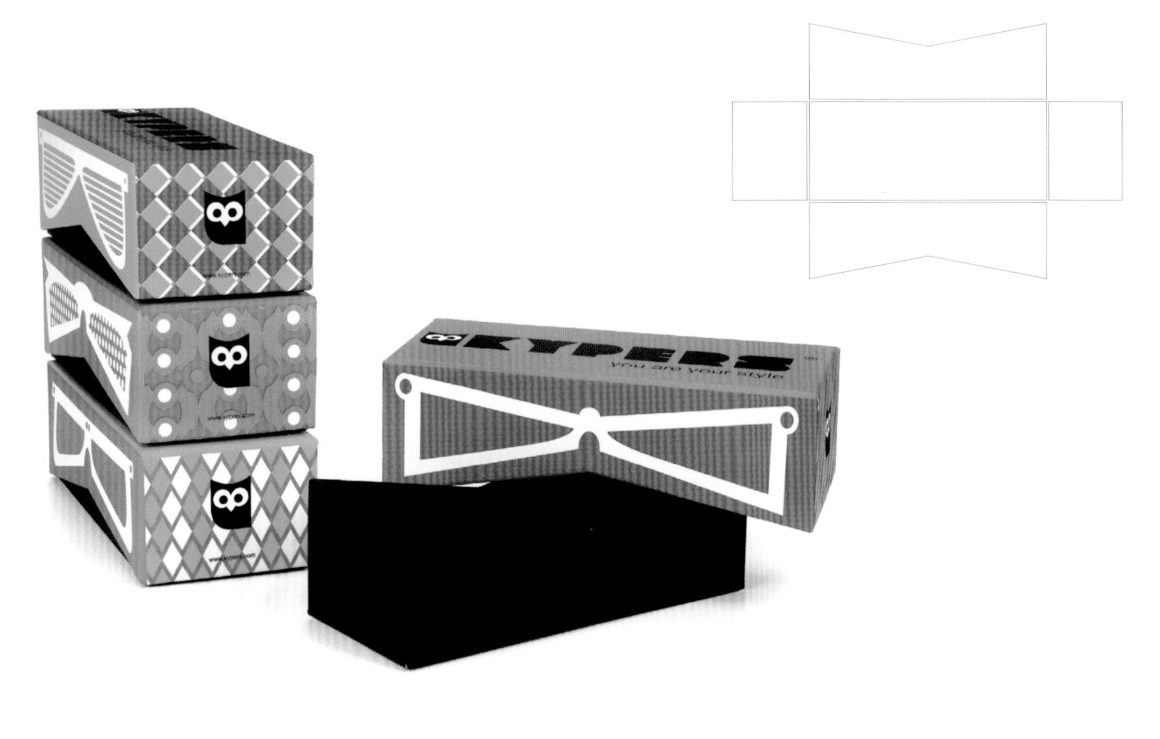

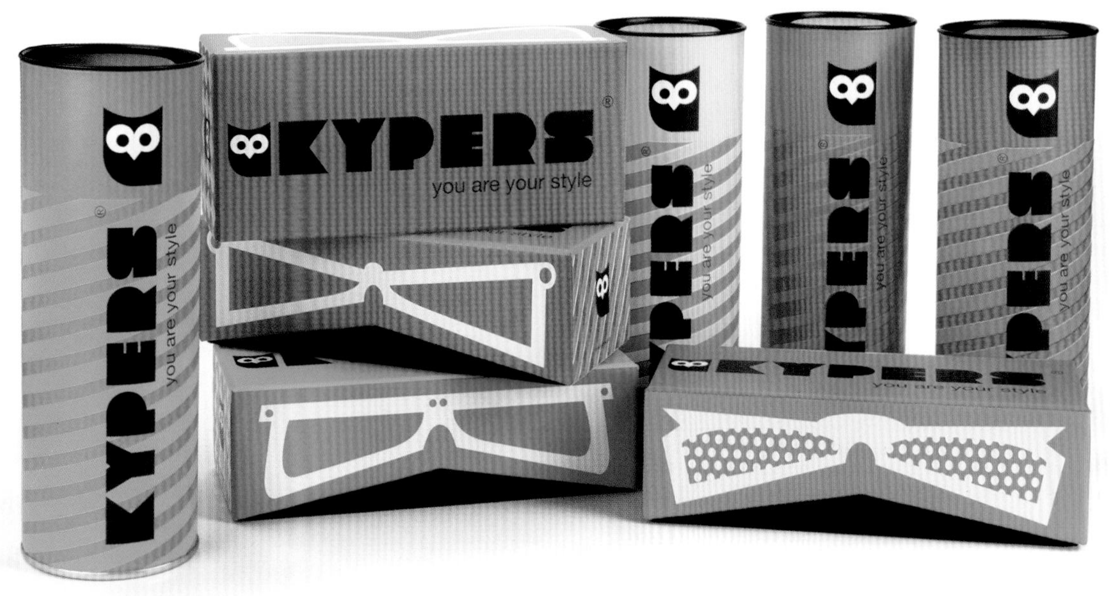

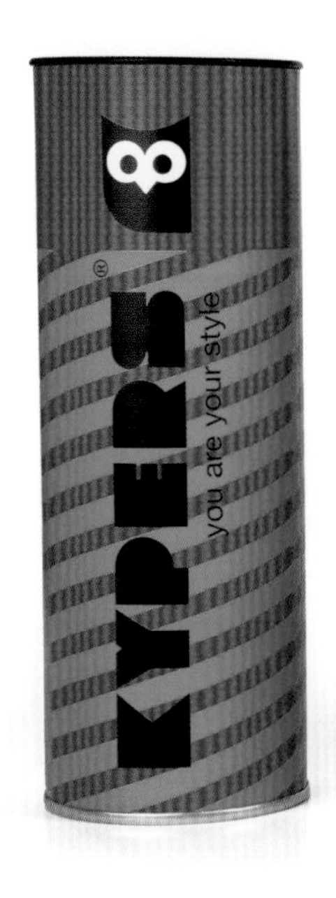
KYPERS
you are your style

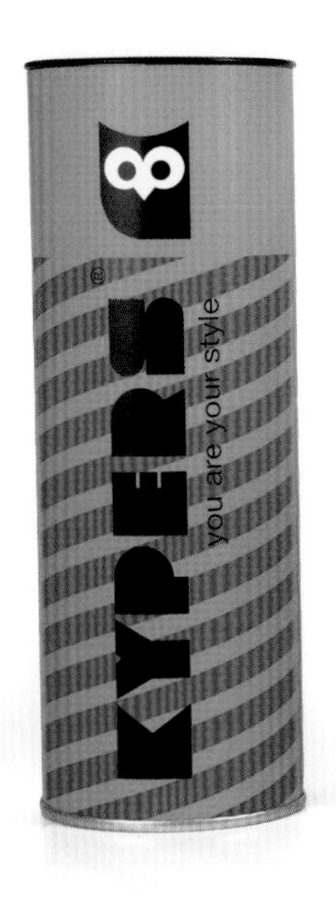
KYPERS
you are your style

KYPERS
you are your style

KYPERS
you are your style

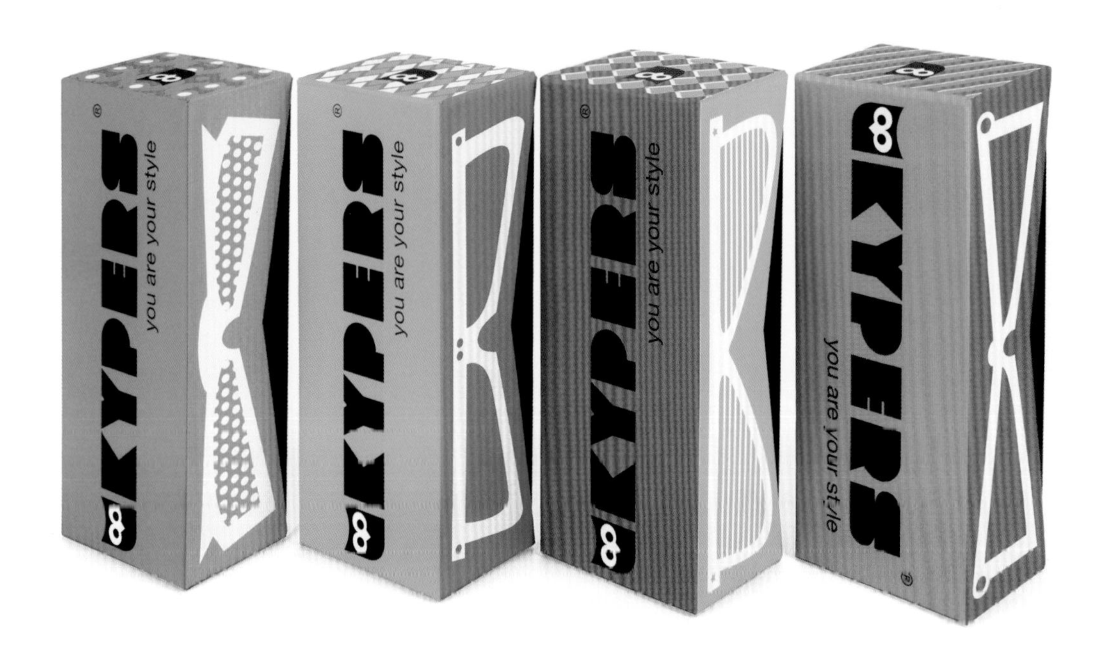
KYPERS
you are your style
KYPERS
you are your style
KYPERS
you are your style
KYPERS
you are your style

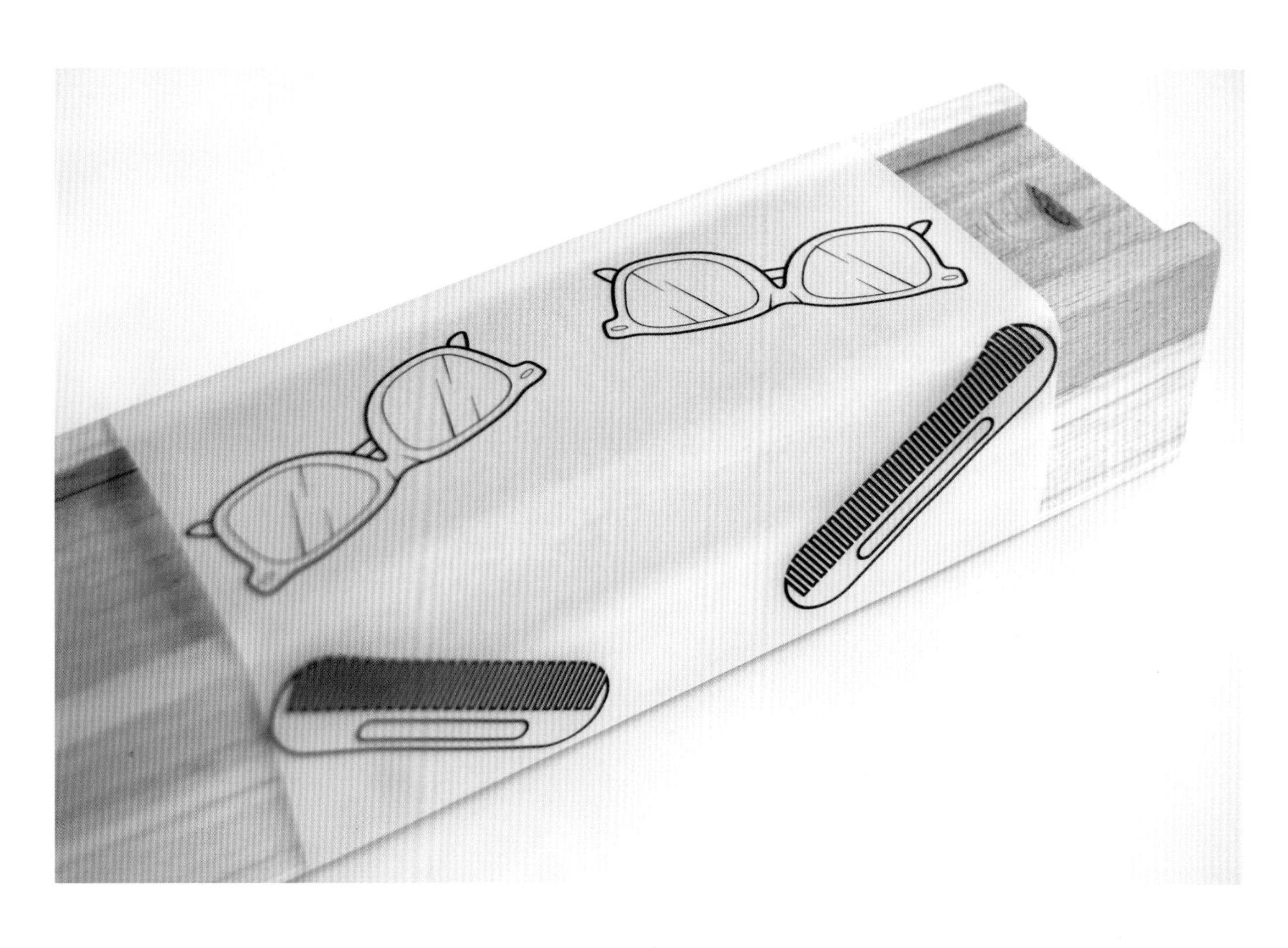

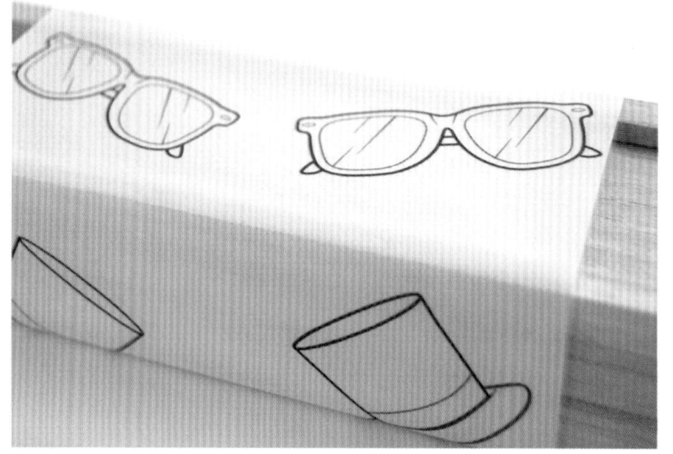

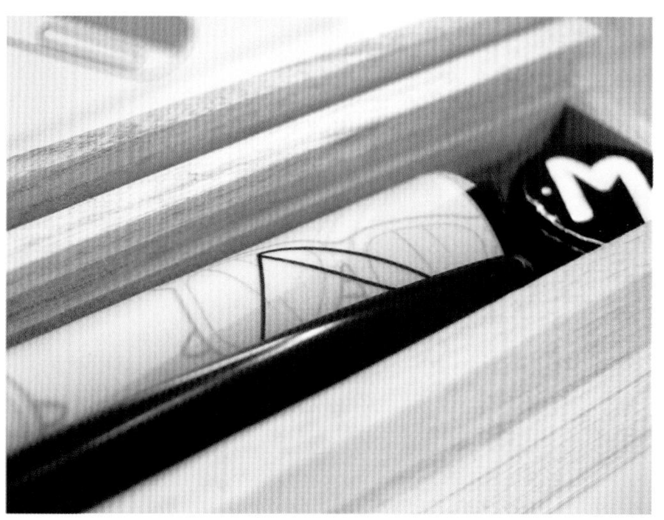

男士装备包装设计

该项目旨在用一种别出心裁的方式对太阳镜的包装进行重新设计，而这款包装的设计灵感来源于现代绅士。设计师决定设计一款用来收纳太阳镜、胡须刷和蜂蜡的男士装备包装。

这款包装采用轻质木材制成，光滑的包装表面刻有一些产品信息。包装盒的外套设计让消费者有一种想要打开盒子的冲动。这款木制包装盒轻便易携，可以方便人们在旅行或是工作时使用。

设计师	尺寸
Kurtis Weaver	205mm x 65mm
材质	完成时间
木料	2014 年

THE
MAN KIT
ORIGINAL

THE
MAN KIT
ORIGINAL
This Unique Gentleman's Kit Contains:
1 Exquisite pair of Sunglasses.
1 Moustache Comb.
1 Pot of Moustache Wax
Tally-ho!

Oysho 包装设计

Oysho 是西班牙的一个生产女性家居服和内衣产品的服装零售商。这家公司每次举办发布会展示自己的新产品时，都会向客人赠送特别的礼物。Oysho 这一次的秋冬服饰系列以白色、蓝色和灰色为主色调，并配以有趣的图案和材料组合。而这次的礼物是一款软绸围巾，礼物包装是由金属材质的白色圆筒和美纹纸制成的，其颜色亦与服饰主色相契合。

委托方
Oysho

设计师
Ingrid Picanyol

材质
金属、白色美纹纸

尺寸
600mm x 150mm

完成时间
2015 年

COLL. 15 / 16
BY OYSHO

NO. G25013
COLOR
ECNU / TURQUOISE
NEVY / BURGUNDY
SIZE
135X135CM 4X2CM 200GR
QUALITY
100% OYSHO

15 / 16

多功能包装设计

该项目旨在设计一款不会对店员造成干扰，同时还可在店内展示脖套产品的挂架。这个挂架随后还可作为包装产品的手提袋使用。设计师所面临的挑战是设计一款兼具展示功能和手提袋功能的包装产品，挂架的结构不能过大，而手提袋的容量又不能过小。

为了实现品牌推广的效果，设计师采用简单且实用的图形设计了这款产品包装，并将品牌标识设置在图形中央。当这款包装运抵店内时，店主可以将包装放平，从而达到节省空间的目的。如有需要，可以将包装撑开，使其变成一个手提包。包装底部的折痕不仅可以让它在作为挂架时保持平衡，还可以在其作为手提包时的增添美观度。

委托方	材质
Áine	纸板
设计机构	尺寸
Return Studios	270mm x 194mm
设计师	完成时间
Nina Lyons	2015 年

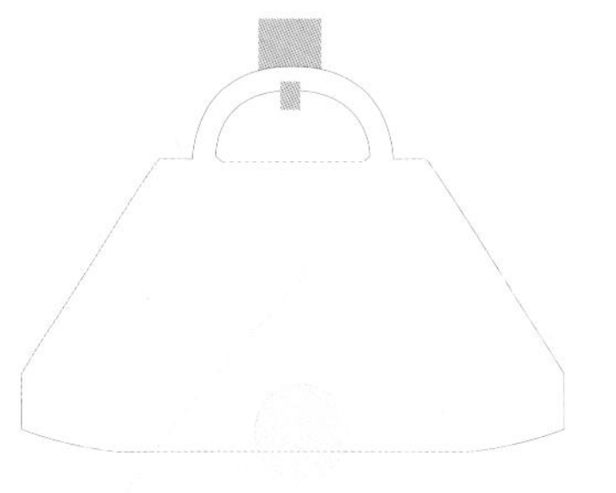

悬挂式

提手处半圆形结构向下折叠后即可将提手挂起来。

摆放式

将包装底部结构打开后即可直立摆放，变成围脖展示架。

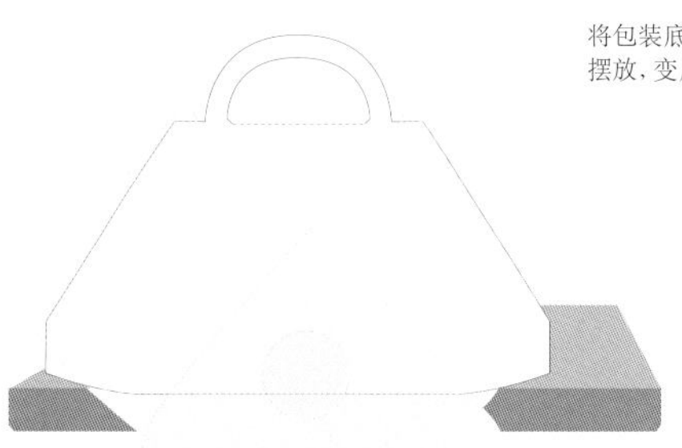

Aine
Aine

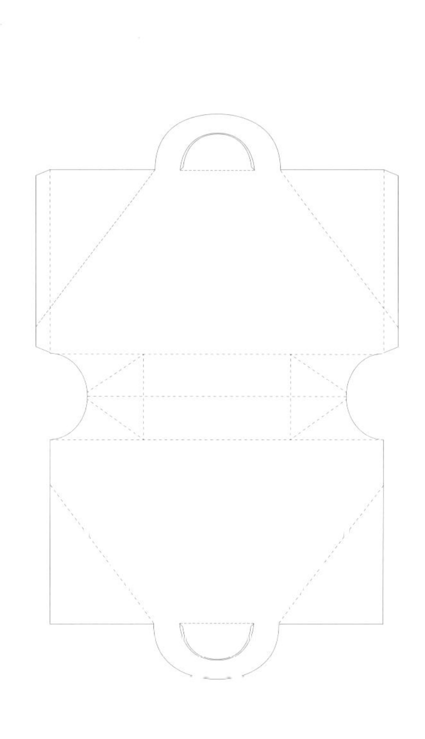

迈尔手套包装

这款手套包装是一个切去了顶端的四角锥体，从外观上看好似一个野营帐篷。包装侧面的盖子很容易打开。这种对称结构便于携带，非常适合野营使用。包装顶端有一条短绳，使用者可以将包装挂在帆布背包或帐篷上。这款包装的表面覆有航空摄影照片、地形图和卫星照片，设计师对这些照片进行了增强对比度、等比例缩放和纹理叠加处理，以增强包装设计的效果，给使用者一种冒险、刺激的感觉。

委托方
Merrell

尺寸
108mm x 114mm

设计师
Shaily Shah

完成时间
2014 年

材质
美纹纸

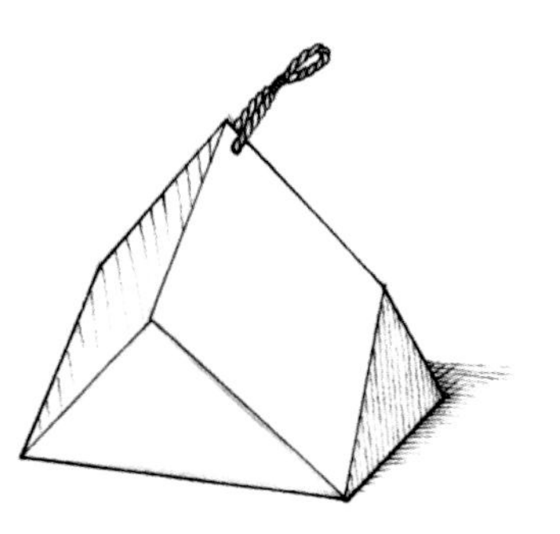

SURVIVE THE

MERRELL

Românico Bordados 包装设计

Românico Bordados 将对 Vale do Sousa（葡萄牙北部地区）的刺绣工艺进行再现，并将这些梦幻般的亚麻和棉织品转化为奢侈品。这种刺绣工艺从十二世纪流传至今，一直保持着最初的图案样式。VOLTA 工作室在委托方的要求下，设计了一个可以展示这种经久不衰、精美绝伦的刺绣工艺和传统手工工艺的品牌。

设计师参照传统刺绣图案设计了这款商标，选用的是一种类似装饰性的字体（葡萄牙设计师 Dino dos Santos 设计的 Estilo Pro 字体），但看起来却很有冲击力。设计师运用牛皮纸质感的包装材料来制作做标签和产品包装盒，并以单色印刷。他们还创造了该品牌的儿童系列，Românico 童装。设计师根据古罗马遗迹上的动物形象来绘制插图，呈现出色彩绚丽、富于装饰性的品牌。插图上的每种动物都有自己的形状和色彩，设计师们可以用这些插图创造并展现出丰富多彩的包装和产品。

委托方
Românico Bordados

设计机构
VOLTA Branding & Design Studio

设计师
Pedro Vareta, Helena Soares

材质
牛皮纸

尺寸
纸筒 /
325mm x 95mm,
小盒 /
245mm x 245mm x 55mm,
大盒 /
450mm x 305mm x 55mm

完成时间
2014 年

ROMÂNICO
FOLHA DE PALMA

ROMÂNICO
BABY

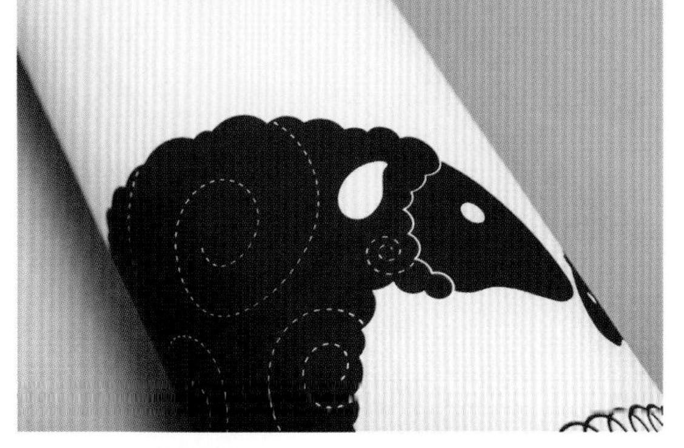

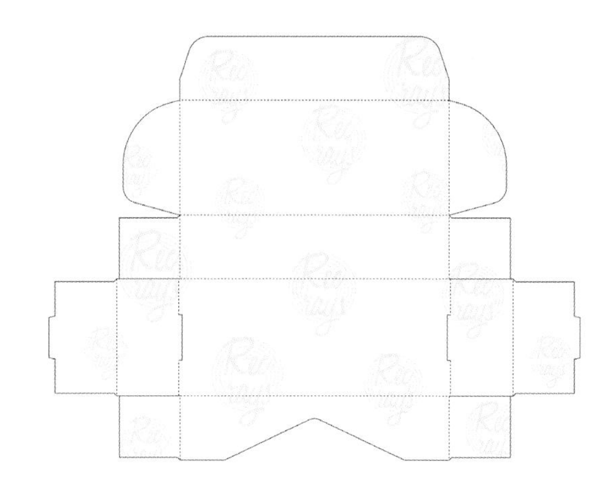

Rec Rays 眼镜盒

这款太阳镜的包装设计是独一无二的。设计师用回收唱片和木料制作出这款太阳镜，而包装盒上的印花图案代表这些材质的"射线"属性。用更为传统的印刷形式，如平版和石版印刷，是很难印制作出这种多变的印花图案的。设计师利用数码印刷机 30000 将图案印制在太阳镜的包装盒上，并用嵌入式不透明白色油墨作为衬色。设计师还在部分包装盒上将 Rec Rays 的商标作了烫银处理。

委托方
Rec Rays Sunglasses, LLC.

设计师
Brittany Vazquez

材质
回收牛皮纸

尺寸
165mm x 70mm x 38mm

完成时间
2015 年

RECYCLED | REISSUED
VINYL SUNGLASSES
RECYCLED | REISSUED
VINYL SUNGLASSES
RECYCLED | REISSUED
VINYL SUNGLASSES

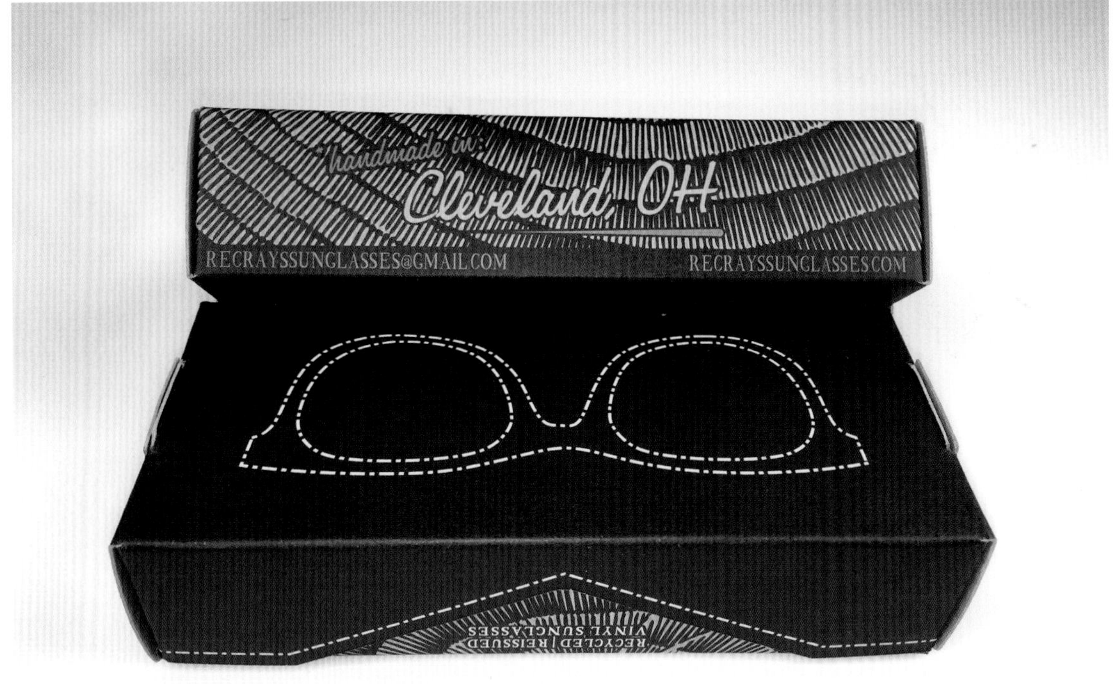
handmade in:
Cleveland, OH
RECRAYSSUNGLASSES@GMAIL.COM
RECRAYSSUNGLASSES.COM
RECYCLED | REISSUED
VINYL SUNGLASSES

Sartor 品牌包装

一个生产手工男装和配饰的家族企业正在进行转让和变革。这家企业创造了顺应当前时尚趋势的全新品牌形象，并运用了一种立体且以纯黑色为主色调的设计手法。

圆筒包装是用来装领结的。每个领结都被固定在一张卡片上，为了方便收纳领结，设计师将卡片折叠起来。如果需要将产品挂在店面的挂钩上，还可将卡片打开。方盒包装是用来装领带的。打开方盒取出领带的同时，还可看到一些关于领带的重要信息。名片式卡片的设计灵感来源于裁缝的线轴，卡片的设计更是彰显了主人的身份。

委托方
Sartor

设计机构
Luminous Design Group

材质
牛皮纸

尺寸
圆筒 /
108mm x 18mm，
方盒 /
100mm x 100mm x 100mm

完成时间
2015 年

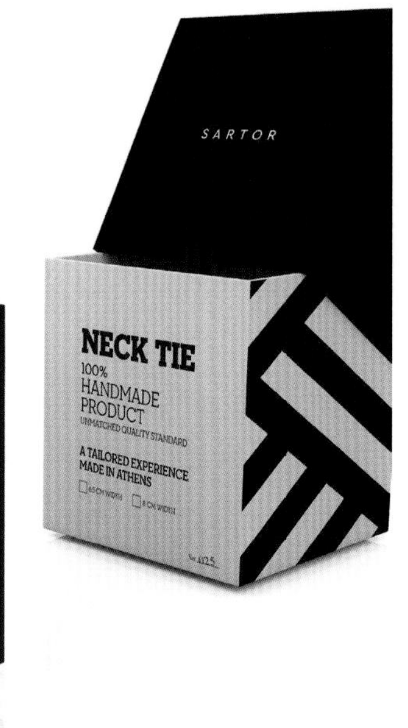

ATHENS
SARTOR
BESPOKE
BOW TIE
100%
HANDMADE
PRODUCT
UNMATCHED QUALITY STANDARD
A TAILORED EXPERIENCE
MADE IN ATHENS
No: 025

SARTOR
No: 025
ATHENS
BESPOKE
SARTOR
No: 025
BOW TIE
100%
HANDMADE
PRODUCT
MADE IN ATHENS
No: 025

线轴式围巾包装

作为 Avoca Nest 围巾包装项目的参与者，设计团队负责以一种不寻常的方式对店内的针织围巾进行展示。将围巾缠绕在线轴上的设计灵感来源于客户参观 Avoca 车间时的想法。其车间的壁柜内总是存放着用来制作各种针织品的纱线线轴。设计师将保存制作围巾的原材料的简单线轴结构设计成围巾的包装，将 Avoca Nest 围巾的起源和加工过程呈现在消费者面前，这种设计方式无疑是一种强有力的品牌宣传方式。委托方要求设计师设计一种醒目且适用于各式围巾的线轴结构，最终设计出了这款适合 Avoca 品牌的奇特围巾包装。

委托方
Avoca Handweavers Ltd.

设计师
Annie Brady

材质
牛皮纸、金属圈

尺寸
直径 130 毫米

完成时间
2013 年

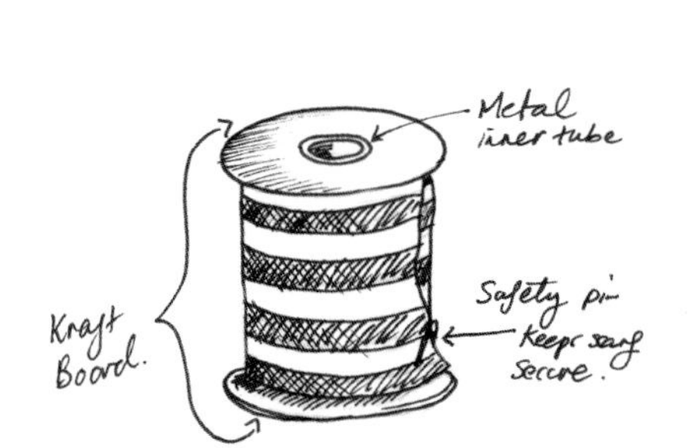

AVOCA ESTABLISHED 1723. 100% COTTON SCARF. ON A SPOOL.
Dedicated to design & quality since 1723. Work hard. Play hard. Positive Thinking. Mission: To create joy.

WHICH BREED ARE YOU? * AVOCA * FASHION CLAN SCARF ON A SPOOL -
The Prima Donna
The Rebel
The Domestic Diva

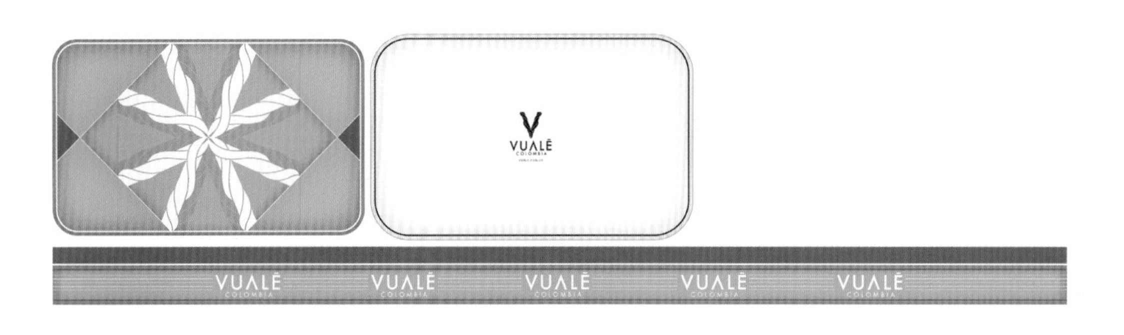

围巾礼盒

Vualé是哥伦比亚的一个高档丝巾品牌。该品牌以出品形式多变的女性服饰产品而为消费者所熟知。消费者可以将该品牌的丝巾折叠成多种形式，如头巾、袋子、裙子、衬衫等。除了进行产品设计之外，设计师还为该品牌的产品设计了一个圆筒包装和两个铁盒包装。圆筒包装和正方形铁盒属于基础包装，而长方形铁盒属于高档包装或礼品包装。礼品包装内放有一个丝巾环，消费者可以借助丝巾环将丝巾折叠成多种形式。除此之外，这款丝巾品牌的包装盒上还粘贴着印有品牌标识的不干胶纸，让包装盒看起来与众不同、更具吸引力。

设计师
Carolina Díaz

材质
不干胶纸、铁盒

尺寸
圆筒 /
150mm x 200mm,
正方形铁盒 /
88mm x 88mm x 74mm,
长方形铁盒 /
104mm x 165mm x 42mm

完成时间
2013 年

VUALĒ
COLOMBIA

VUALĒ
COLOMBIA

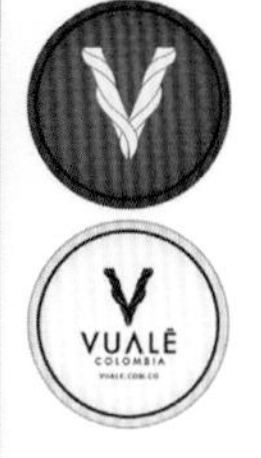
VUALĒ
COLOMBIA

VUALĒ
COLOMBIA

Azede Jean-Pierre 2014
邀请函式帽子包装

这款包装本身其实就是 Azede Jean-Pierre 2014 秋冬系列时装秀的邀请函，时装秀举办方将这款包装连同一顶绣有日期和时间的针织帽和印有时装秀详细信息的标签一起寄了出去。这款包装平放时是一个可以邮寄的信封，竖放时是一个袋子。包装的样式与可折叠的纸袋相似，而信封式的设计又可以将有些厚重的产品完美地隐藏起来。设计师用麻灰色的卡纸制作出信封样式的包装，这种类型的纸张厚而坚固，足以将包装撑起。包装封口处有两个黑色的金属钉，包装的背面还贴有一个写着“保暖”二字的圆形贴纸。

委托方
Azede Jean-Pierre

尺寸
165mm x 241mm

设计师
Joseph Veazey

完成时间
2014 年

材质
卡纸、金属钉

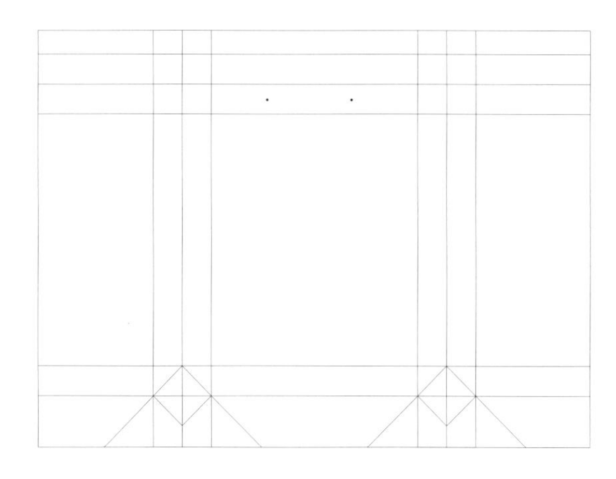

AZEDE JEAN-PIERRE
JOSEPH VEAZEY
1234 1ST ST #1A
NEW YORK, NY 10001

STAY
WARM

薄纱围巾包装

这款薄纱围巾包装的设计灵感来源于信封的外形。包装表面设有一个多边形小窗口，消费者可以透过小窗口看到围巾的颜色，感受围巾的质地。除此之外，设计师还改变了传统信封的外形，为这款包装设计了一个盖子。选用的颜色给人带来一种柔软和温暖的感觉，这种感觉与围巾的感觉一致，而且对男女消费者来说都和适合。

委托方
Colorsville Co., Ltd.

设计机构
Grand Deluxe

设计师
Koji Matsumoto

材质
纸板

尺寸
200mm x 300mm x 20mm

完成时间
2014 年

Gauze Muffler Standard
SIZE Approx. 34cm × 160cm
GAUZE

GAUZE
MUFFLER
STANDARD
UV-CUT 90%
UVカット率約90%
Machine Washable
家庭洗濯OK
Wearable all season
オールシーズンOK
Gauze Muffler Standard
ガーゼマフラースタンダード
サイズ 約34×160cm
Keep the water clean
colorsville

Imabari Works

Index 索引

图书在版编目(CIP)数据

服饰包装设计/(美)黄编;潘潇潇译. —桂林:广西师范大学出版社,2016.5
ISBN 978-7-5495-8131-3

Ⅰ. ①服… Ⅱ. ①黄… ②潘… Ⅲ. ①服饰-包装设计-高等学校-教材 Ⅳ. ①TS941.68

中国版本图书馆 CIP 数据核字(2016)第 101307 号

出 品 人:刘广汉
责任编辑:肖 莉 孙世阳
版式设计:张 晴

广西师范大学出版社出版发行
(广西桂林市中华路 22 号 邮政编码:541001
网址:http://www.bbtpress.com)
出版人:张艺兵
全国新华书店经销
销售热线:021-31260822-882/883
恒美印务(广州)有限公司印刷
(广州市南沙区环市大道南路 334 号 邮政编码:511458)
开本:889mm×1 194mm 1/16
印张:15 字数:38 千字
2016 年 5 月第 1 版 2016 年 5 月第 1 次印刷
定价:228.00 元